探险传奇

THE LEGEND OF EXPLORATION

刘相辉 编著

山西出版传媒集团
山西教育出版社

图书在版编目（CIP）数据

探险传奇/刘相辉编著. —太原：山西教育出版社，2016. 8
（2022. 6 重印）
ISBN 978-7-5440-8566-3

Ⅰ. ①探… Ⅱ. ①刘… Ⅲ. ①探险-世界-普及读物
Ⅳ. ①N81-49

中国版本图书馆 CIP 数据核字（2016）第 154734 号

探险传奇
TANXIAN CHUANQI

责任编辑 彭琼梅
复　　审 李梦燕
终　　审 杨　文
装帧设计 薛　菲
印装监制 蔡　洁

出版发行 山西出版传媒集团 · 山西教育出版社
（太原市水西门街馒头巷 7 号　电话：0351-4729801　邮编：030002）
印　　装 北京一鑫印务有限责任公司
开　　本 890×1240　1/32
印　　张 8
字　　数 190 千字
版　　次 2016 年 8 月第 1 版　2022 年 6 月第 3 次印刷
印　　数 6 001-9 000 册
书　　号 ISBN　978-7-5440-8566-3
定　　价 48. 00 元

序

我们国家缺少探险家

彭绪洛

◇

探险，是对未知的世界进行的一种探索的过程。也可以这样说，人类历史，就是一部探险史和开拓史。

探险，虽不是人人可以真实去体验和付诸行动的行为，但最起码我们可以拥有敢于探索的勇气和精神，更或者我们可以通过阅读探险故事来满足这种探索和求知的欲望。

探险故事和探险小说，虽然在国外已经十分繁荣、很受欢迎，但在国内却是刚刚起步，并且那些起步的作品多是引进的版权，本土原创的探险作品少之又少，几乎就是一片真空地带。要创作出具有中国本土特色的探险作品，又要是读者们所能接受和喜爱的探险故事，这确实有些难度。

探险作品为什么国外很多，而国内原创却很少？这其中最主要的可能是因为中国的父母都不太愿意孩子们去冒险，怕他们遭遇危险和不测，可是越是这样，孩子们越缺少探索精神和开拓精神。然而这些精神正是孩子们最需要的，我们不能因为害怕而放弃。

要想从根本上解决这个问题，还得从青少年的阅读和教育抓起。当下我们能做的，就是在他们青少年时期，让孩子们通过阅读大量的探险作品，来补“铁”补“钙”，培养他们的探索精神、开拓精神、独立自主的能力以及团结协作的品质。

我曾经多次说过，我写探险作品，是在帮读者朋友们寻找丢失的勇气；我自己去探险，是在帮自己找回丢失的勇气。

写探险作品多年，我也爱上了探险。这些年徒步走过敦煌段的雅丹大漠，走过四川广元段的古蜀道，去攀登过海拔5396米的哈巴雪山，自驾走过滇藏线、川藏线和青藏线，成功地穿越过号称“死亡地带”和“无人区”的罗布泊，到达了楼兰古城、余纯顺遇难地、塔克拉玛干沙漠、高昌故城和塔里木盆地等一些神秘之地。每一次探险，都是一场惊险的体验，每一次探险归来，我都会有新的收获和新的作品问世。

我把自己探险经历的很多细节，都写进了我的探险小说中，这也是有那么多读者喜欢我创作的探险小说的原因，因为能给人真实、体验、享受的感觉，这是很多其他体裁的小说无法达到的效果。

探险多年、写探险作品多年以后，很多人开始称我为“探险家”，其实我更喜欢自称为行者，虽然不是一个太地道的行者。因为绝大多数时间还是在家里闭关写作，每年只有极少的时间在外行走。我曾给自己取名叫“苦行僧”，因为我去的地方，都是一般人不愿意去也不会去的地方，都是极为艰苦和危险的地方。但这些地方的风景，往往是别人看不到的，是稀缺的，是具有探索意义的。

读万卷书，行万里路，其实也就是一个理论与实践相结合的过程。探险，也是一个验证理论的过程。

我们要想培养更多的具有探索精神、开拓精神和探险精神的人，那么我们就从培养他们阅读探险故事抓起，从青少年的启蒙开始抓起。

（彭绪洛：儿童文学作家、探险家）

目 录

现代探险序幕拉开

新技术时期的探险

早期的探险家

ASIA
Peking
Seoul
Sea of Japan
Japan
Tokyo
Teheran
Delhi
Karachi
India
Mumbay
Arabian peninsula
Red Sea
AFRICA
Sri Lanka
Arabian Sea
Bangkok
East China Sea
South China Sea
Philippines
Celebes Sea
Indonesia
Jakarta
Maldives
Seyshelles
Madagascar
Indian Ocean
Timor Sea

01 绛紫色的国度

◇

人类探险的历史源远流长，早在神话时代，腓尼基人便已经远航欧洲。

“腓尼基”并不是一个国家的名称，而是一个地区、一个民族的统称。在神话时代，腓尼基人生活在地中海东岸，也就是今天的黎巴嫩和叙利亚沿海一带。

据说，“腓尼基”是古代希腊语，意思是“绛紫色的国度”。在当时，埃及、巴比伦、赫梯以及希腊等国的贵族和僧侣都喜欢穿紫红色的袍子，可是，这种颜色很容易褪去。然而，他们都注意到：居住在地中海东岸的一些人总是穿着鲜亮的紫红色衣服，似乎他们的衣服永远不会褪色，即使衣服穿破了，颜色也跟新的时候一样。所以，大家把地中海东岸的这些居民叫作“紫红色的人”，这群人就是腓尼基人。而他们的衣服之所以不会褪色，是因为使用了当地的地方特产，一种紫红色染料的缘故。传说中，这种染料源自腓尼基人从海底采的一种海螺。去危险的海底找寻染料的原料，这也充分体现出了这个民族的勇敢无畏和冒险主义精神。

历史上，地中海东岸曾被称作“腓尼基海岸”，聪明的腓尼基人建立了自己的国家——迦太基，也建立了许多繁华的商业城市。那时候，腓尼基人建立的最大的城市是推罗，有人考证说推罗是今天黎巴嫩的苏尔。公元前10世纪至公元前8世纪是腓尼基城邦的繁荣时期，只是，如今腓尼基人和他们的城邦早已湮没在历史的长河之中，而且保存下来的史料很少，所以我们只能从中隐约窥探到腓尼基人逝去的繁华。有古代的作家这样形容推罗的富裕：“街上堆银如堆土，堆金如堆沙。”

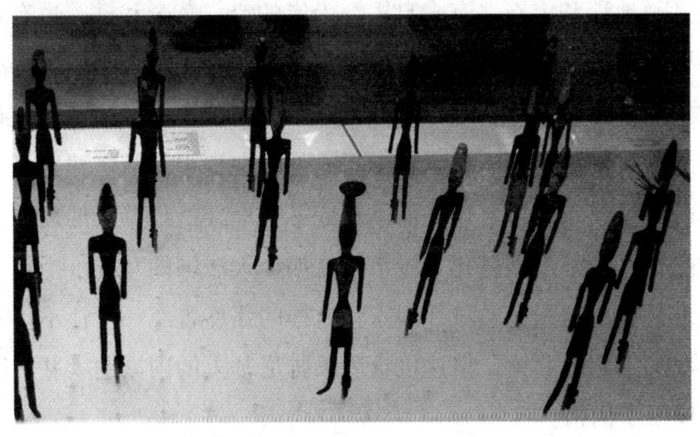

五千年前腓尼基文化的镀金小人像

不过，古时的腓尼基人是怎样发家致富的呢？那个时代，农业是很重要的创收手段，但他们生活的地方背靠高耸的黎巴嫩山，并没有发展农业的条件。精明的腓尼基人只能向浩瀚的大海求生存，他们舍弃了农业，全力发展手工业和商业，他们是技艺高明的手工业艺人，也是一群远走四方的精明商人。

为了生存和繁荣，腓尼基人成为了人类历史上第一批航海贸易家。他们航海，一方面是为了赚钱，另一方面，是深埋在这个民族骨子里的探险主义精神使然。围绕着地中海，腓尼基人建立了自己的贸易航线，他们的船只定期往来于北非、希腊、累范特和地中海各个岛屿之间。为了贸易，他们曾冒险进出直布罗陀海峡到加那利群岛进行锡的采挖和买卖。这在现代社会也许不算什么，但在那个时代，这几乎可以算得上是一个奇迹。甚至有证据表明，这群航海贸易家的商船曾到达过遥远的不列颠群岛。

往返于各个航线上的腓尼基人不仅贩卖自己制作的各种精美的手工艺品，如玻璃花瓶、珠宝饰物、金属器皿和武器等等，而且销售来自各个地方的特产，这其中有来自远东和印度的谷物、酒类、纺织品、地毯和宝石，有来自黑海沿岸的铅、黄金和铁，也有希腊的各种工艺品——所有这些特产都汇集到了腓尼基人手里，再经他们的手倒卖出去。靠着这样的低价买入、高价卖出，腓尼基人积累了惊人的财富，短短的几个世纪里，他们在地中海沿岸建立了许多繁华的商站或殖民地，这些商站都成了当地经济最繁荣的地方。而其中的很多商站慢慢演化为城市，比如今天法国的马赛。当年，有些城市甚至还是强大的城邦国家，这样的强盛曾经一度让不可一世的古罗马人胆战心惊，但这也给后来腓尼基人的国家迦太基帝国的毁灭埋下了祸根。

在人类的探险历史和航海历史上，腓尼基人绝对可以算得上是了不起的先驱——他们的身影遍布地中海地区，还穿过直布罗陀海峡，出没于波涛汹涌的大西洋。今天，直布罗陀海峡的两个坐标就是用古时腓尼基人崇拜的神来命名的，被称为“美尔卡尔塔”。腓尼基人的航线有多长，有多广呢？据说，他们向北到达过今天法国的大西洋海岸的大不列颠；向南到达过好望角。他们经常同西非的土著进行交易，这不是神话传说，而是有真实历史记载的史实——希罗多德在他的著作中曾对此进行过详细记载：远道而来的腓尼基人在海滩上卸下货物后，返回船上，并升起一缕黑烟作为信号。当地人看到后，来到海滩上，在货物旁放上一些金子，然后躲进树林。腓尼基人上岸，如果金子的数量让他们满意，就收起金子，留下货物离开。不满意的话，他们就回船上继续等，直到当地人增加的金子数量使他们满意为止。

而腓尼基人的航海成就中，最让人瞩目的当属一次环绕非洲的航行。公元前600年左右，在古埃及一位法老支持下，一支由40艘船组成的腓尼基人舰队首先从西奈半岛的亚喀巴湾出发，他们沿着红海岸走，穿过曼德海峡进入亚丁湾；随后，这艘舰队沿着今天的索马里海岸线一直南下到达今天的南非；再从南非和今纳米比亚的非洲西海岸北上到几内亚湾，最后沿着西非的海岸线转入直布罗陀海峡进入地中海回到家乡腓尼基。这次了不起的航行历时三年，航程30000千米，长长的航线环绕非洲。

腓尼基人掌控地中海地区的海洋贸易长达300年之久，他们的商船从埃及第六王朝起就已经遍布地中海。在埃及国势鼎盛时期，腓尼基人的海上贸易受到约束，然而，到了公元前1200年左右，古埃及的力量逐渐削弱，此消彼长，腓尼基人的国家迦太基帝国就逐渐成为了地中海的海上霸主。

然而，迦太基几个世纪的辉煌时光却只在少许的古籍中有记载。对于现代人而言，腓尼基人只是一群强大的海上贸易商人，我们对这个神秘民族的了解非常有限。这是为什么呢？原因无他，只因为腓尼基人早已消失在了历史的长河之中。

木秀于林，风必摧之。靠着海上贸易，腓尼基人创造了惊人的财富，建立了无数繁华的城邦，但他们庞大的财富也引起了地中海对岸强大帝国的觊觎。人类啊，始终对别人的财富持着一颗贪婪而嫉妒的心。

在历史上，先是亚述帝国，再后来是巴比伦王国，最后是罗马帝国，这些强大的帝国个个都想办法压榨腓尼基人，于是就发动了无数场大大小小的战争。

迦太基帝国实行的是贵族寡头统治，海军力量强大，陆军也不弱，在与敌人的对抗中并不落下风。罗马与迦太基距离太近，利益冲突严重。

罗马在公元前4世纪统一意大利后，开始向地中海进发，这与迦太基的利益产生冲突。罗马人先挑起事端，进攻迦太基在西西里岛的殖民地。迦太基的海军很强大，却被罗马组建不久的海军打败了。最后，迦太基向罗马求和，全面撤出西西里岛，并对罗马赔款。

迦太基的贵族甘于接受和约的条款，但哈密尔卡将军却心有不甘，决心复仇。可惜他却在完成这个心愿前去世了，好在儿子汉尼拔继承了他的遗志。汉尼拔为了培植足以与罗马抗衡的力量，率军攻占伊比利亚半岛，并在那里建立了新迦太基。待羽翼丰满后，在公元前218年，他率军横越被罗马视为天然屏障的阿尔卑斯山，联合当地的高卢人，在意大利各处击溃罗马军队，甚至歼灭了罗马7万人，罗马帝国面临亡国的危险。

公元前212年，罗马孤注一掷，集中兵力直攻迦太基，这一招逼得汉尼拔被迫回师去援救。结果汉尼拔因千里驰援，战斗力下降，最后败于扎马战役。迦太基被迫与罗马人签订了条款苛刻的和约，不仅失去了大量领土，还失去了整个舰队，而且海军也被迫解散。此后，迦太基再也无力与罗马争斗了。后来，古罗马帝国对他们进行了第三次战争，迦太基帝国最终灭亡。

汉尼拔指挥下的迦太基军队

据说，迦太基陷落后，燃烧的火焰整整持续了17天，烧完之后的灰烬有一米深。罗马军铲开这些灰烬，把盐洒在大地上，这是一种诅咒，诅咒迦太基不再复活。就这样，曾经强盛一时的迦太基整个从地球上消失了。

迦太基古城遗址

如今，我们只能从一些古籍和历史文物中窥探曾经属于腓尼基人的荣耀。在西班牙安大路西亚沿岸一座高山上有一幅壁画，这幅壁画创作于公元前2000年前后，而壁画中船的形状像极了腓尼基人船只的特征。西班牙考古学家弗朗西斯科·吉利斯(Francisco Giles)称，这幅壁画证明了腓尼基人的船只曾经远行到了大西洋，到过西班牙海岸（腓尼基人公元前3000年前就活跃于地中海）。他估计，那很可能是当地土著人第一次看到这种船只，非常惊讶，所以就把它们画在岩石上了。

腓尼基人消失了，而他们曾经穿越的地中海和大西洋还安然立于天地之间。有后人这样评价这群人类历史上最早期的探险家：腓尼基是一个勇敢的民族。在人类创造了第一只简单船只之后的很多很多个世纪里，人们来到水天连接之处，望着浩瀚的海洋，却止步不前，因为那里全是失望和死亡。恐惧让人们在几百年的时间里不敢贸然前行一步。后来，腓尼基人来了，他们没有这种恐惧，他们不愧为最勇敢的探险家。往日里，那令人生畏的海洋刹那间变成了平安大道，而地平线的危险变成了神话。

02 向北极进军

◇

北极，这个名词对当代人来说应该并不陌生。我们生活的地球是一个圆形球体，上北下南、左西右东是约定俗成的方位定义，而北极就是地球的最北端。

从地理学的角度来说，北极是指北极圈（北纬66°34′）以北的广大区域，也被称为北极地区。北极地区包括极区北冰洋、边缘陆地海岸带及岛屿、北极苔原和最外侧的泰加林带。其中，陆地部分包括了格陵兰、北欧三国、俄罗斯北部、美国阿拉斯加北部以及加拿大北部。北极圈内岛屿很多，最大的是格陵兰岛。

这是一片气候条件极其恶劣的地域，跟地球上大部分地区不同，这里没有分明的春夏秋冬四季，一年中的大部分时间里，这里都会被刺骨的寒风和冰雪所覆盖。4月份开始，夏天来临，天空变得明亮起来，太阳普照大地，动植物也开始活跃起来。然而，在9

月初，第一场暴风雪就会如约降临，这片区域很快又会回到寒冷、黑暗的冬季。北极的冬天是如此漫长、黑暗而冰冷，从每年的11月23日开始，有接近半年时间，这里完全看不到太阳，气温也会降到-50℃以下，甚至更低。海岸冰封，触目所及之处，只有风裹着雪四处肆虐。

北极地区

北极地区的条件是如此恶劣，恶劣到几乎无法让人居住。因此，它是世界上人口最稀少的地区之一。千百年以来，只有爱斯基摩人在这里世代繁衍。然而，他们却并不是历史上第一批踏足这里的人类。北极地区的发现和探索花费了人类几千年的时间，这条探险之路是由无数人的血汗和牺牲铸就的。当然，在这个过程中，也有许多富有传奇色彩的奇迹发生。

在人类漫长的探险历史上，对北极的探索首先是从“地球是圆的”这一猜想开始的。

地球是圆的，放在今天，这是小学生都知道的。然而，在科技文化发展极其落后的几千年前，人类并不这么认为。第一个“吃螃蟹”，断言“地球是圆的”的人是古希腊哲学家毕达哥拉斯。200年后，这一断言被古希腊百科全书式的人物——亚里士多德印证了。亚里士多德根据地球遮挡太阳光线造成月食的阴影形状证明地球是圆的。在那个时代，人们所知道的大陆都在北方。亚里士多德大胆预言，在遥远的南方必然有大陆存在，否则地球就会像醉酒的人一般头重脚轻，很不稳当。

继亚里士多德之后，哥伦布、麦哲伦等一批富有冒险勇气的航海家先后进行了环球航行，这也证明了“地球是圆的”这一理论。

感谢这群拥有强大逻辑思辨能力和极大的冒险勇气的古希腊人吧，他们的理论成为了西方文明的源头，也为后来南北极的探险埋下了兴旺的种子。

既然地球是圆的，那它一定有自己的两端。然而，并不是所有人都有勇气率先向地球的最北端——北极进发。在那个落后的年代，这样做无异于是拿自己的生命在冒险。

据记载，第一个向北极进发的人是古希腊航海家毕则亚斯。这是一位勇敢的、极富冒险精神的英雄，他出生在古希腊的属地马赛利亚（即现在的法国马赛）。公元前331年，我们的先驱驾船向北极进发了。

这是一条从未有人走过的路，毕则亚斯的每一步都走得异常艰辛而缓慢。由于年代久远，现存的古籍中，关于这次伟大航行的记载十分稀少，我们只能从一些古籍中窥探一点浮光掠影。据说，毕则亚斯大约用了6年才完成了这次艰难的旅行。公元前325年，他回到了马赛利亚，不久后，就去世了。后来的人们只能通过他残存的航海日志推断他曾经进过北极圈，因为他的日志中有这样一些描述——“这里的太阳落下去不久很快又会升起”，“海面上被一种奇怪的东西所覆盖，既不能步行也无法通航”。而整个地球上，只有南北极地区才有这样的奇异现象。

毕则亚斯是人类探险事业的先驱，也是人类探险史上第一个进入北极地区的探险家。在此后的1000多年里，没有人再去碰过北极。这是因为罗马帝国虽然一度非常庞大，却惯于陆上征战，很少发展海上势力。印度和中国虽然步入了文明，却忙于内部争斗，无心去管外部的事。因此，除了星象学家们偶尔遥望一下北方的天空之外，人类几乎把北极忘记了。

850年，诺曼人奥特尔第一次绕过斯堪的纳维亚半岛最北端的海角，转过科拉半岛而进入白海，这一壮举拉开了人类重新探险北极的序幕。

与奥特尔差不多在同一时期，还有一个叫弗洛基的挪威人被派去到西北方向寻找新的土地，这个人幸运地发现了冰岛。

格陵兰岛的发现极富传奇色彩，因为它的发现者并不是真正意义上的探险家，而是一名叫红脸艾力克的挪威海盗。红脸艾力克在冰岛上连续两次杀人，被驱逐出境。在无路可走的情况下，他只好把自己的家当都装进了一艘无篷船里，怀着一线希望，硬着头皮往西划去。这个强盗拥有常人难以匹敌的勇气，当然，他也有着常人难以企及的好运气——经过了一段相当艰苦的航行之后，他终于看到了一片陆地。红脸艾力克带着一家老小在那里住了三年，觉得那里是一块很好的土地。他为这片土地起了一个好听的名字，叫作格陵兰，即绿色的大地。当时，由于全球性大气候的影响，格陵兰岛处于相对温暖的时期，那里的夏季真的呈现出一片喜人的绿色。

在红脸艾力克之后，一批又一批的移民渡海而来，在格陵兰岛上定居。此后，格陵兰岛发展得蓬蓬勃勃，生机盎然，在其鼎盛时期，居民点有280多个，人口达数千人，建有教堂17座，与欧洲建起了通商关系，罗马教皇甚至还派人来征收教区税。

然而，好景不长，数百年之后，随着世界性气候的又一次波动，那里的天气变得寒冷起来，于是这个曾经繁荣一时的地方又渐渐沉寂了下去。

格陵兰岛

此后700多年里，北极地区似乎被人们遗忘，直到进入新航路开辟时代，为了寻找通往东方的航路，人们才再一次把视线对准了这片神秘而危险的地域。

1500年，葡萄牙人考雷特尔两兄弟——米盖尔和盖斯帕乘船到达了纽芬兰岛和格陵兰岛。

1553年，英国国王爱德华六世雇佣西班牙航海家卡巴特率三艘船奔赴北极，希望借此打通到中国和印度的海上航线。然而，结果却不尽如人意——船队遭遇了海难，三艘船中，只有一艘船得以幸免，其余两艘船上的70余人均毙命于北极冰海。幸存者发现，他们根本没到达北极，只是到了俄罗斯北部。

然而，人类的探险脚步并不会因为一次两次的流血牺牲而止步不前——后来的漫长岁月中，英国又组织了几次探险活动，只可惜，这些活动都以失败而告终，最远只到达了新地岛东部的喀拉海。每次活动，探险家和船员们都会付出巨大的生命代价。

1594—1596年，荷兰人巴伦支曾先后五次率船队探险北极，他发现了斯瓦尔巴群岛，最远曾到达过北纬77°15′地区，创造了远航北冰洋的最北纪录。不过，巴伦支也付出了巨大的代价，在穿越北极的途中，他的船被浮冰撞毁，他和17名水手被困住了，不得不在此越冬。在岛上长达八九个月艰难的日子里，巴伦支和他的船员们靠燃烧甲板来保持体温，在这个过程中8名船员都献出了生命。在回航的途中，巴伦支也不幸去世了。

进入现代，人类对北极地区的探索仍未停止。这片神秘的地域具有如此大的魅力，吸引了一批又一批流连忘返的探险家。在探险精神的驱使下，人类探索北极地区的脚步将永不停歇。

03 九死一生的万里远征

千百年来，探险精神激励着古今中外一代又一代的探险家们向着未知的方向勇敢前行。

中国是一个历史悠久的文明古国，中华民族是一个勤劳而勇敢的民族。早在遥远的古代，无畏的中国人便踏上了神秘未知的探险征程，而张骞便是这群古代探险家中的佼佼者。

张骞是西汉人，他探险的地方是当时的西域，也就是现在的新疆地区。而在当时西域是指玉门关、阳关（今甘肃敦煌西）以西，葱岭（帕米尔高原）以东，昆仑山以北，巴尔喀什湖以南地区，即汉代西域都护府的辖地。西域以天山为界分为南北两个部分，百姓大都居住在物产丰饶的塔里木盆地周围。西汉初年，西域有“三十六国”，如楼兰、莎车、姑墨、尉犁等。它们面积不大，国内多数是沙漠绿洲，也有山谷或盆地等地形。

西汉王朝建立之初，整个中国并没有从秦末的混乱中解脱出来。兵荒马乱，西北凶悍的少数民族连年入侵中原地区。直到汉武大帝刘彻上位，汉王朝才开始对这帮“蛮子”进行强烈抵抗。与此同时，这群“蛮子”内部也是连年征战不断——在北方广袤的蒙古草原上，各部落连年混战。这其中最为强大的一支部落当属匈奴，匈奴人骁勇善战，被称为马背上的游牧人。他们击败了许多游牧部落，占有了他们的家园，就连汉武帝也对这群野蛮人心怀忌惮。

不过，正因为匈奴人穷兵黩武，四处侵占其他游牧部落的家园，他们也树敌不少——这其中就包括大月氏。大月氏是在伊犁河流域游牧的一个部落，他们的总人口约40万人。早年，他们居住在敦煌和祁连山之间，被匈奴一再打败后，无奈之下，才迁徙到了伊犁河流域。连年的战争让大月氏不愿意再打仗了，可匈奴却不肯善罢甘休，他们杀了大月氏的王，并把王的头骨当杯子喝酒。因此，大月氏与匈奴成了不共戴天的死敌。

汉朝日趋强盛后，汉武帝计划逐步消除匈奴对北方的威胁。听到有关大月氏的传言后，汉武帝就想与大月氏建立联合关系，他决定派使者出使大月氏。若是在太平盛世，这样的出行或许不算什么。然而在当时，西行的必经道路——河西走廊还处在匈奴的控制之下。想要西行，就必须穿越匈奴人的防线。所以，这无疑是一次九死一生的出使。

汉武帝也知道此行不易，他召集了心腹的王公大臣们一起商议，希望找到能当此大任者。尽管当时张骞还是个名不见经传的小将领，在史书中，甚至连他具体的出生年月都没有记载，但他深知国家兴亡，匹夫有责，就主动请缨。多年以后，史官们在史籍中这样描述他：“张骞，成固人也。为人强大有谋，能涉远。”意思是张骞此人心性强大，有勇有谋，能胜任远行的重任。也正因为具有如此出色的品格，他才能战胜各种难以想象的危难，成功出使西域。

武帝建元三年（前138），张骞奉命率领一百多人，从陇西（今甘肃临洮）出发，出使大月氏。一个名叫堂邑父的归顺胡人自愿充当他此行的向导和翻译。此时，张骞也许不会想到，他这一走，便是漫长的十几载光阴。

张骞出使西域

前面的一段路程走得非常顺利，然而，当张骞一行人西行进入河西走廊后，这样的美好局面就被打破了——这一地区自打大月氏人西迁后，完全沦为了匈奴人的领地。张骞一行人也知道这一点，因此，在穿越河西走廊时，他们步履匆匆，小心翼翼。然而，他们还是不幸碰上了匈奴的骑兵队。面对强大的匈奴骑兵，这一百多人毫无胜算，他们也没有徒劳抵抗，很快悉数被抓获。得知张骞一行人的身份和出行目的后，这队骑兵立即把张骞押送到了匈奴王庭（如今的内蒙古呼和浩特附近）。

在那里，张骞见了匈奴当时的首领军臣单于。军臣单于得知张骞想出使大月氏后，对他说：大月氏在我们匈奴的北方，站在我们匈奴人的立场上，无论如何，我们也不容许你这个大汉使者通过我们的地区，去往大月氏。这就像你们汉朝绝对不会让我们匈奴的使者穿过你们大汉的疆土，到南方的越国去一样。说完这话后，不等张骞分辩一二，军臣单于便将他们一行人扣留和软禁起来。

为了软化、拉拢张骞，打消他出使大月氏的念头，匈奴人对张骞软硬兼施，威逼利诱。他们甚至让张骞娶了匈奴的女子为妻，还生了孩子。在匈奴人的严密监管下，张骞等人在匈奴一直逗留了十年之久。

十年，如此漫长的时间，久得足以消磨一个人的斗志。匈奴人满心欢喜地以为，如此长的时间，张骞一定会改变，成为匈奴人的走狗。只可惜，他们的目的始终没能达到。在张骞的心中，他始终没有忘记汉武帝交给自己的神圣使命，更没有动摇自己为汉朝出使大月氏的意志和决心，他一直在等待出逃的合适机会。

到了元光六年（前129），敌人的监视终于松动了。这一天，张骞趁匈奴人不备，果断地离开妻儿，带领随从们逃出了匈奴王庭。

对张骞而言，这种危险而艰难的逃亡需要十足的勇气和毅力，而要想成功逃离，他也需要强大的实力和好运气。幸运的是，被扣留在匈奴的十年时间里，张骞和他的随从们都没有闲着。他们详细了解了通往西域的道路，并学会了匈奴人的语言。穿上胡服后，他们就跟本地人一模一样，很难被匈奴人分辨出来。因而，他们顺利地穿过了匈奴人的控制区。

虽然十年的漫长光阴没有改变张骞出使大月氏的决心，却改变了许许多多其他的东西——此时，西域的形势已发生了变化。在匈奴人的支持下，大月氏的敌国乌孙入侵大月氏。大月氏人被迫继续西迁，他们从伊犁河流域进入了咸海附近的妫水地区，在新的土地上另建了家园。

了解到这一情况后，张骞一行人只能改变路线。他们经过车师后，并没有按照之前的计划向西北的伊犁河流域进发，而是折向西南，进入了焉耆国，再沿着塔里木河向西走，经过了库车、疏勒等地，一路上风餐露宿，翻山越岭，最后走到了大宛（如今的乌兹别克斯坦费尔干纳盆地）。

这是一次极为艰苦的跋涉，大戈壁滩上飞沙走石，气温极高；高高的山岭上却寒风刺骨，冰天雪地。路上人烟稀少，水源奇缺。而张骞一行人是逃出来的，物资准备又不足，这无异于是雪上加霜。因此，这一路，他们风餐露宿，饱尝了探险的艰辛与苦楚。干粮没了，就只能靠堂邑父射杀禽兽获取食物。不少随从被饿死、渴死，葬身在了黄沙和冰窟中。

到大宛后，张骞向大宛国王说明了自己出使大月氏的使命和沿途种种遭遇，希望大宛能派人相送，并表示今后如能返回汉朝，一定奏明皇帝，送他很多财物表示酬谢。大宛王早就想与汉朝通使往来了，但匈奴却屡屡从中作梗。张骞这个汉使的意外到来使他非常高兴。于是，他答应了张骞的要求，派了向导和译员，将张骞等人送到康居国（如今的乌兹别克斯坦和塔吉克斯坦境内）。而康居的国王又派人将他们送到大月氏。

十年了，张骞一行人终于到达了目的地。然而，天不遂人愿，此时的大月氏人已经改变了——由于新的家园土地肥沃、物产丰饶，并且距离匈奴和乌孙很远，没有了被入侵和强占的威胁，大月氏人的态度在悄悄发生着巨大的转变。当张骞向他们提出一起抵御匈奴人的建议时，他们已经无意向匈奴复仇了。而且，汉朝的领土距离他们的家园实在太过遥远，要合作，谈何容易？

张骞像

大月氏人的态度像冰水一样，泼得张骞心都凉了。然而，坚韧不拔的张骞岂会轻易放弃？他在大月氏逗留了一年多，但始终未能说服他们与汉朝联盟，共同抵御匈奴人。终于，张骞的耐心被耗尽了，元朔元年（前128），他带着随从们动身返国。

“少小离家老大回”，十年了，他们终于要回家了。张骞归心似箭，然而，回家的路也是异常艰辛，一波三折。

回家的途中，为了避开匈奴的领土，张骞等人改变了行军路线。他们计划通过青海羌人地区，以避免和匈奴人正面交锋。但出乎意料的是，此时，羌人也已经成了匈奴的附庸——猝不及防的张骞等人再次被匈奴骑兵俘虏，又被扣留了一年多。

元朔三年（前126）初，军臣单于死了，匈奴发生了内乱。张骞趁乱带着自己的匈奴族妻子和堂邑父逃回长安。

这是张骞第一次出使西域。从武帝建元三年出发，到元朔三年归国，中间一共经历了漫长的13年。出发时，这个使者团总人数是一百多人，而回来时，只剩下了张骞和堂邑父两人。这次出使，他们所付出的代价是何等高昂和惨烈！

13年！人生短暂，我们能拥有几个13年？而风华正茂的张骞把自己人生中最宝贵的13年献给了自己的祖国，献给了自己所热爱的探险事业。他这一次出使西域，既是一次极为艰险的外交旅行，同时也是一次具有深远历史意义的探险考察。在他出使西域以前，中原地区和西域地区泾渭分明，他的出行被称为汉夷之间的第一次文化交融。从那之后，西域的多种农作物、乐器、铁器等逐渐传到了中原，而中原的蚕丝、炼铁术等也传到了西域，这样的相互交融、互通有无促进了整个人类文明的发展。可以这么说，后人正是沿着张骞的足迹，才走出了誉满全球的“丝绸之路”。

张骞墓

04 玄奘取经

“你挑着担，我牵着马，迎来日出，送走晚霞。踏平坎坷成大道，斗罢艰险又出发……”

相信大家对中国古典四大名著之一的《西游记》并不陌生，它是明代小说家吴承恩创作的长篇神魔小说。《西游记》主要描写了唐太宗贞观年间，孙悟空、猪八戒、沙僧、白龙马四人保护唐僧西行取经，沿途历经九九八十一难，一路降妖除魔，化险为夷，最后到达西天，取得真经的故事。

《西游记》中，孙悟空手拿金箍棒，脚踏筋斗云，法力高强，是斩妖除魔的主力军；猪八戒长着一张滑稽的猪脸，好吃懒做，诙谐有趣；沙僧生性老实，是取经途中的“挑夫”……然而，这些生动的人物形象都是吴承恩虚构出来的，不过，有一个人物并非虚构——那就是一心上西天求经的唐僧。

历史上，唐僧确有其人。他就是玄奘，《西游记》便是以他西行取经的故事为题材进行创作的。

生宣人物绘画《唐代大德玄奘法师》

玄奘是唐代著名高僧，他原名叫陈祎，洛州缑氏（今天的河南偃师缑氏镇）人。13岁那年，他出家做了和尚，就认真研究佛学。后来他到处拜师学习，精通佛教经典，被尊称为三藏法师（“三藏”是佛教经典的总称）。

佛教起源于天竺（今天的印度），后来传到了中原。从南北朝时期开始，佛教便兴盛起来。到了唐朝，佛学更是在中原大地广为流传。而当时，翻译过来的佛经错误很多，因此，不少人都立志到天竺去学习佛经。从南北朝开始，便不断有高僧离开中土，不顾个人安危长途跋涉去西域取经。史书记载，这样的人共有170余人，然而，最后平安返回的只有43人，而其他人都在危险的旅途中牺牲了。

玄奘并不是第一个去天竺取经的人，前辈们的牺牲没有让他退却。作为一名虔诚的佛教徒，他内心对佛法充满了渴望，这样的渴望驱使着他踏上了一段艰难而危险的旅途。

629年，玄奘从长安出发，半个月后，抵达了凉州。此时的玄奘已经名贯天下，凉州僧俗两界听说玄奘法师西游求法来到此地，慕名敦请，于是玄奘停留了一个月，开坛讲经。不过，这也给玄奘带来了大麻烦——大唐刚刚立国，边界并不太平，于是政府颁布了禁止百姓出关的“禁边令”。凉州都督李大亮得知玄奘打算西游天竺，当即派人追查，好在玄奘在佛门势力的庇护下，逃离了凉州，来到了瓜州。

在瓜州，玄奘打听到玉门关外是一望无际的大沙漠。沙漠中有五座堡垒，每座堡垒之间相隔百里，中间没有草，只有无数的砂石。而且，只有堡垒旁有水源，并且有大批的兵士把守。这时候，凉州的官员已经发现他偷越边防，便发出公文，在各地通缉他。可怜的玄奘，本是一个高僧，现在却成了朝廷的通缉犯。玄奘知道，如果他继续西行，经过堡垒的话，那他一定会被兵士捉住。可如果绕开堡垒，他就无法获取饮用水，最终也只能在沙漠中干渴而死。

正在束手无策的时候，玄奘意外地碰到了当地一个胡族人，这个人名叫石槃陀，身强体壮，他说自己愿意为玄奘带路，护送他西行。

玄奘喜出望外，他没想到事情还会出现转机，就当机立断，变卖了衣物，换了两匹马，连夜跟石槃陀一起出发。他们好不容易混出了玉门关，在草丛里睡了一觉，准备继续西进。

玄奘万万没想到，这个石槃陀其实只是一个意志不坚定的小人。他们才走了一程，石槃陀就不想再走了，他怕被士兵发现，怕坐牢。更可怕的是，这个石槃陀还怕日后玄奘坏他的名声，想杀了玄奘灭口。玄奘发现石槃陀不怀好意，便急中生智，想了个法子把他打发走了。

现在，又只剩下玄奘一个人了，他开始单人匹马地在关外的沙漠地带摸索前进。沙漠中飞沙走石，毫无生命的迹象。白天，气温极高，酷暑难耐；而到了晚上，温度骤降，几乎要把人冻僵。在这样恶劣的环境下，玄奘独自走了八十多里，才走到了第一堡垒边。此时，玄奘的水已经喝光了，为了取水，他不得不铤而走险。

聪明的玄奘怕被守兵发现，白天便躲在沙沟里，等天黑了才敢靠近堡垒前的水源。然而，正当他在夜幕的掩护下用皮袋盛水时，一支利箭冷不丁地射来，差点射中他的膝盖。玄奘知道自己被发现了，而筋疲力尽的他一定躲不过守兵的利箭和追捕，他索性朝着堡垒上大喊道："我是长安来的和尚，你们别射箭！"

堡中的人停止了射箭，打开堡门，把玄奘带进了堡垒。玄奘心里十分不安，他可是个通缉犯啊，现在被守兵抓住了，他们一定会将他遣送回长安。可他的西行之路才刚刚开始呢！

老天爷再一次眷顾了这个一心取经的僧人——守堡的校尉王祥也是一名虔诚的佛教徒，在问清楚玄奘的来历后，他不但没有为难玄奘，还派人帮玄奘盛了大量的水，甚至还送了玄奘一些干粮，最后亲自把玄奘送到十几里外。而最让玄奘欣喜的是，王祥给他指了一条捷径，这条路可以绕过两个堡垒，直通第四个堡垒。

玄奘西行

而第四个堡垒的校尉是王祥的同族兄弟，听说玄奘是从王祥那里来的，他也很热情地接待了玄奘，并告诉他，第五个堡垒的守兵十分凶暴，想要平安西行的话，最好绕过第五个堡垒，到一个名叫野马泉的地方去取水，再往西走，就出了大唐的地界了。

千恩万谢的玄奘离开了第四个堡垒，又走了一百多里。谁知，他却在沙漠里迷了路，没有找到野马泉。他正要拿起随身携带的水袋喝水，哪知手一滑，皮袋掉落在地，一皮袋的水都泼翻在沙土上了。酷热让水分很快蒸发，玄奘只能眼睁睁地看着宝贵的水消逝在自己眼前。

没有水，该怎么越过沙漠呢？玄奘本想返回第四个堡垒去取水，可忽然想起离开长安的时候，他曾经立下誓言，不到达目的地，决不后退一步。他现在怎么能遇到一点困难就后退呢？想到这里，他毅然继续朝西前进。

大沙漠里一片茫茫，除了沙土，这里什么都没有。有时，大风卷起满天沙土，风停息后，黄色的沙土像暴雨一样落下来，将玄奘

“浇”成了“沙人”。玄奘在沙漠里马不停蹄地走了四夜五天，由于没有水喝，他口渴难耐，喉咙像火烧一样。第五天，他终于支撑不住，昏倒在沙漠中。

迷迷糊糊中，玄奘看到了一个凶神恶煞的神，这让玄奘奇怪，他之前见过的神都是慈眉善目的。这个“恶神”挥舞着手中明晃晃的长戟，凶狠地冲他骂道：“玄奘啊玄奘，你太让我失望了！你干吗不勉强地再走几步呢？你要是还这么睡下去，等待你的将是阿修罗地狱！”

玄奘一惊，旋即便冒着冷汗从昏迷中清醒过来，身体似乎也充满了力量，他继续往前走了十几里，竟然奇迹般地发现了一片草地和一个池塘。有了水和草，他和他的马终于摆脱了绝境。

之后，玄奘又走了两天，经历九死一生，终于走出了大沙漠，经过伊吾（今天的新疆哈密），到了高昌（位于如今的新疆吐鲁番东部）。

高昌王麹文泰也是信佛的，听说玄奘是大唐来的高僧，便请玄奘讲经。他敬重玄奘，恳求玄奘留在高昌。玄奘却坚持不肯，麹文泰没办法，只能给玄奘准备好行装，派了25人、30匹马护送他上路。他还分别写了信给沿路24国的国王，请他们保护玄奘过境。

玄奘带领这一队人马，翻山越岭，风餐露宿，历经千辛万苦，到达了碎叶城（在今天的吉尔吉斯斯坦托克马克城西南）。在这里，他们一行人受到西突厥可汗的热情接待。打那以后，玄奘的西行之路终于否极泰来。他们一路顺风顺水，通过西域各国，最后进入了天竺。

终于到达目的地了！在当时，天竺可是所有僧人心中的圣地！它是佛教的发源地，有很多佛教古迹。玄奘开始在天竺各地游历，朝拜圣迹，向高僧学经。他很勤奋，像海绵一样吸取着天竺佛学的精髓。

天竺摩揭陀国有一座古老的大寺院，叫作那烂陀寺。寺里有个戒贤法师，是天竺的大佛学家。玄奘来到那烂陀寺，虔诚地拜戒贤法师为师。之后，他在那烂陀寺修行了五年，把那里的佛经全部学会了。

那烂陀寺

摩揭陀国的戒日王笃信佛教，听到玄奘的名声后，他在国都曲女城（如今的印度北方邦境内卡瑙季）为玄奘开了一个隆重的讲学大会。天竺18个国的国王和3000多名高僧都来参加了这个讲学大会。戒日王请玄奘在大会上讲学，还让大家相互交流。大会整整开了18天，而玄奘的精彩演讲和他在佛学上的深厚造诣获得了所有人的肯定和敬重。最后，戒日王派人举起玄奘的袈裟，宣布讲学获得了巨大的成功。

虽然人在天竺，但玄奘却一刻也没有忘记自己的故土，也没有忘记自己西行的初衷——他之所以刻苦地学习佛法，便是为了有朝一日能返回故土，弘扬佛法。

645年，玄奘带着600多部佛经，回到了阔别17年的长安。此时，他百折不挠的取经事迹已经轰动了长安。唐太宗也对他的壮举十分赞赏，在洛阳行宫接见了他。玄奘把自己游历西域的经历向太宗做了详细的汇报。他花了17年的时间西行取经，这段道路上遍布荆棘，而他遇到的艰难险阻比《西游记》里的妖魔鬼怪更为可怕！这是一段漫长的取经之路，更是一段艰险的探险之路。是对佛学的极度渴望和顽强的探险精神支撑着玄奘完成了这一壮举！

取经归来的玄奘已经是远近闻名的高僧了，然而，他却并没有停止对佛学的追求。回国后，他又开始马不停蹄地翻译佛经，为弘扬佛法尽自己的一点力量。

玄奘一生共翻译佛教经75部1335卷。无论从翻译数量上，还是质量上看，这都是空前的成就！跟前人所翻译的佛经相比，玄奘所翻译的佛经更为通顺流畅，便于中国人阅读。这样的成就要归功于他在外17年的游历，这段经历让他同时精通梵文和汉文两种语言，也让他练就了强大的意志力和孜孜不倦的修习精神。

可以毫不夸张地说，玄奘不仅仅是一名佛学家、翻译家，更是一名无畏的探险者！他西行的事迹激励着一代代的后人勇往直前，在探险的道路上永不停歇。

05 鉴真东渡

◇

唐朝是佛教高度兴盛的一个时期，除了大家耳熟能详的唐僧玄奘，唐朝还涌现出了一大批得道高僧。他们也曾历经千辛万苦，去别的国家讲授佛法，传授博大精深的中国文化，为中国同其他国家的交流做出了突出贡献。

鉴真大师便是其中的一个领军人物，他不畏艰险，六次东渡日本弘扬佛法，即使身染重病、双目失明也没有放弃，为当时中日两国人民的交流做出了贡献。

鉴真原姓淳于，14岁随父于扬州大云寺出家，从智满禅师为沙弥。26岁，鉴真成为精通佛教律宗学说的有名的和尚。后来，鉴真以扬州为中心，开始了他此后30年在淮南地区广泛的宗教活动和社会活动。由于他刻苦好学，中年以后便成为极有名望的僧人。

742年，日本留学僧人荣睿、普照到达扬州，恳请鉴真东渡日本传授“真正的”佛教，为日本信徒授戒。这二人言辞恳切，鉴真被打动了。他当即征求在场弟子的意见，问他们有谁愿意同他一起前往日本，没想到，大家都沉默不语。后来弟子祥彦才说，日本太远了，乘船去的话，也许会小命不保。大海浩瀚，海面上风浪滚滚，一百艘出发的船中，或许只有一艘船能到达。

鉴真法师——扬州人的骄傲

祥彦的话并不假，当时，从扬州去日本的困难是现代人难以想象的。由于造船技术的落后和海上那毫无规律的大风，船只从扬州穿越东海时，经常发生严重的船毁人亡的事故。在此之前，僧人道福、义向、圆载就先后在遣唐和归途中被巨浪吞没，丢了性命。没有视死如归的冒险精神，谁都不敢扬帆起航的。

而当时，想要东渡，人为的困难也不少——唐朝对私自出国限制很严，没有朝廷同意，任何人不许出境，否则，将受到法律的严厉制裁。此时的鉴真已经54岁了，他也深知航海的危险、朝廷律令的威严，但他不怕冒险，态度非常坚决地说，这是为了弘扬佛法，何必顾惜自己的性命？既然你们都不去，那我一个人去好了。他的决心感动了弟子，当即，祥彦、思托等21名弟子表示愿意同行。

然而，好事多磨。鉴真的东渡一波三折，差点无法成行。

742年冬，鉴真带着21名弟子，连同四名日本僧人，到了扬州附近的东河既济寺造船，准备东渡。此时，四名日本僧人手中持有宰相李林甫的从兄李林宗的公函，因此，地方官扬州仓曹李凑也对他们伸出了援助之手。不料，鉴真一位弟子道航在与一名师弟如海开玩笑时言辞中多有侮辱之意，如海大怒，诬告鉴真一行人造船是与海盗勾结，准备攻打扬州。此时，海盗猖獗，淮南采访使班景倩听到这个消息后大惊，不由分说，便派人囚禁了鉴真一行人。虽然鉴真一行人很快就被释放了，但班景倩勒令日本僧人立刻回国，就这样，鉴真的第一次东渡夭折了。

四十不惑，五十而知天命。不少人年轻时的雄心壮志或许都会随着年纪的增长而日渐消逝。然而，已经知天命的鉴真并没有认命，一次的失败也没有动摇他东渡的决心。不久之后，他自已出钱买下一条退役的军船，雇了18名水手，准备了一些佛经、佛像、佛具等。他带着17名弟子和精通各项技艺的工匠85人，在744年1月启程前往日本。不料船还没有出海，便在长江口的狼沟浦遇风浪沉船。好不容易修好船后，刚一出海，又遭大风，船漂至舟山群岛的一个小岛，他们在岛上忍饥挨饿，直到第五天，众人获救，第二次东渡只得宣告失败。

面对这接二连三的失败，一般人肯定早就放弃了。但鉴真没有，他坚定地准备着下一次东渡。这一次，他不打算从江浙一带出海，而是决定从福州买船出海。天有不测风云，这一次，他们一行人刚走到温州，便被官府拦截。原来，鉴真留在大明寺的弟子灵佑担心师父的安危，苦苦哀求扬州官府阻拦师父东渡。就这样，淮南采访使派兵士将鉴真一行拦截，并把他们带回了扬州。没办法，东渡计划再次流产。

鉴真的东渡计划接连失败了四次，然而四次失败也没有动摇鉴真东渡的决心。他在扬州继续准备东渡事宜。748年6月28日，鉴真领着弟子和水手等30余人从扬州出发。在东海上，他们遇到了狂风，船失去控制，只能随着风浪漂泊。漂泊了数天后，船上的淡水用完了，没有水，食物难以下咽，死亡威胁着每一个人。

幸运的是，失去控制的船在海上漂了14天后，终于靠了岸。上岸后，鉴真他们才知道，他们已经到了振州（今海南三亚）。他们在那里住了一年多，为当地带去了许多中原文化和医药知识，时至今日，三亚仍有“晒经坡”“大小洞天”等鉴真遗迹。之后，鉴真决定重返扬州。然而，在回扬州的路上，一行人状况百出——鉴真的弟子死的死，离开的离开。身边人来来去去，前五次东渡的失败，再加上旅途的艰辛，这一切让鉴真的身心受到了极大的伤害。他的眼睛竟然渐渐模糊起来，因为没有得到及时的医治，导致双目失明。但是，这一系列巨大的打击和挫折并没有吓倒鉴真。相反，他东渡的决心更坚定了。

751年春，鉴真终于回到了扬州。由于他的游历遍布半个中国，因此声名大噪。753年，日本派遣使者来到扬州，再次恳请鉴真同他们一道东渡。而当时，唐玄宗崇信道教，想派道士去日本传道，却被日本人拒绝了。因此，恼羞成怒的唐玄宗不许鉴真出海。可是，这样的困难怎么能阻挡鉴真的脚步呢？他秘密乘船到了苏州黄泗浦（在今张家港市塘桥镇鹿苑东渡苑内），搭上了日本使者的大船。十一月十六，船队出发了，十二月二十，在经历了长达一个月的艰苦航行后，船只终于抵达了日本的萨摩。鉴真的第六次东渡终于成功。

鉴真来到日本的消息，引起了日本朝野的极大震动，他受到了先期到达的崇道和日本佛教大师行基的弟子法义的热情款待。二月初四，鉴真一行抵达奈良，同另一位本土华严宗高僧“少僧都”良辨统领日本佛教事务，被赐封号“传灯大法师”。

根据孝谦天皇的意愿，鉴真作为律宗高僧，应该负起规范日本僧众的责任，杜绝当时日本社会中普遍存在的托庇佛门，以逃避劳役赋税的现象。因此，孝谦天皇下旨：“自今以后，传授戒律，一任和尚。”但是，这引起了日本本国“自誓受戒”派的反对，尤其是兴化寺的贤璟等人激烈反对。于是，鉴真决定与其在兴福寺公开辩论。在辩论中，贤璟等人皆被折服，舍弃旧戒。鉴真于是在东大寺中起坛，为圣武、光明皇太后以及孝谦之下皇族和僧侣约500人授戒。756年，鉴真被封为“大僧都”，统领日本所有僧尼，在日本建立了正规的戒律制度。

日本的佛经多由百济僧侣口传而来，错漏较多。鉴真在双目失明的情况下，以他惊人的记忆力，纠正日本佛经中的错漏。由于鉴真对天台宗也有相当深的研究，所以鉴真对天台宗在日本的传播也起了很大作用。鉴真使得日本佛教走上正轨，杜绝了由于疏于管理而造成的种种弊端，促使佛教被确定成为日本的国家宗教。此后，他定居日本奈良。鉴真除讲授佛经，还详细介绍中国的医药、建筑、雕塑、文学、书法、绘画等知识，对中日经济文化交流做出了杰出贡献。

鉴真在中、日两国都享有很高的声誉。当其圆寂的消息传回扬州的时候，扬州僧众全体服丧三日，并在龙兴寺行大法会，悼念鉴真。在日本，鉴真也享有国宝级人物的待遇。1963年是鉴真去世1200年，中国和日本佛教界都举行了大型纪念活动，日本佛教界还将该年定为“鉴真大师显彰年”。1980年，在邓小平的斡旋之下，唐招提寺住持森木孝顺奉鉴真漆像“回乡探亲”，扬州大明寺因此得以重修，成为中日邦交史上的一件大事。

扬州大明寺

鉴真一行人前后历时12年，六次启程出发，五次失败，航海三次，每一次都几乎陷入了绝境。这12年间，先后有36人死于船祸和病痛，200多人退出东渡行列。其中，只有鉴真矢志不渝，即使身染重病、双目失明也百折不挠，最后，他终于实现了毕生的心愿。不得不说，这是古今中外探险历史上的一大奇迹！

06 马可·波罗游记

13世纪以前，中西方在政治、经济、文化等各个方面的交流都是通过中亚这座桥梁间接联系在一起的。在这种中西交往中，中国一直抱着积极的态度，一代代的中国人尽自己最大的努力去了解和探索中国以外的地方，特别是西方的文明世界。

这样的探索最早可以追溯到中国古代的周朝，据说，当时的周穆王便已经开始西巡。如今，时过境迁，再加上当时流传下来的史料甚少，在现代人看来，周穆王西巡的故事或许充满了荒诞和神话色彩，但这至少反映了中国人从很早之前开始，就已经在积极地探索西方。

西汉武帝时期，张骞出使西域之后，一条从中国途经中亚抵达欧洲的“丝绸之路”出现了。从那以后，中国对西方世界有了更深一步的认识和了解。唐朝是中国封建社会发展的鼎盛时期，经济、文化等诸多方面都达到了空前的繁荣。盛唐时期，一大批西方的商人来到中国经商，这也促进了东西方之间的交流融合。然而，即使这样，中西方的交往也只是肤浅地停留在以贸易为主的经济联系上，缺乏最为直接和主观的接触和了解。而在13世纪以前，欧洲人对中国的认知甚至更多来源于道听途说的间接接触上，可以这么说，他们对中国的认识非常肤浅，充满了不真实性。

后来，这样的情况因为一个人的出现而改变了！这个人就是马可·波罗，13世纪威尼斯著名的探险旅行家和商人。

马可·波罗

马可·波罗从小就对神秘的东方世界充满了好奇和向往。此时，他对东方的认知来源于他的父亲和叔叔。他的这两位直系亲属是成功的商人，曾经到东方经商。据古籍记载，马克·波罗的父亲和叔叔曾经去过蒙古帝国的都城，并拜见过蒙古帝国的可汗忽必烈，还带回了可汗给罗马教皇的信。这在当时可是一个很了不起的壮举！他们回国后，小马可·波罗天天缠着他们，要他们讲东方旅行的故事。故事中，神秘而富饶的东方世界引起了小马可·波罗的浓厚兴趣，小小的他便下定决心，要跟父亲和叔叔前往中国去一探究竟。

随着年龄的增长，这样的决心非但没有消退，反而越来越强烈。机会终于来了，1271年，马可·波罗的父亲和叔叔拿着教皇给忽必烈大汗的回信和礼品，准备再次出发前往东方。刚刚17岁的马可·波罗毛遂自荐，希望一同前往。父亲和叔叔答应了，就这样，十几位旅伴一起向东方进发了。

当时，交通条件极其落后，马克·波罗一行人从威尼斯进入了地中海，然后横渡黑海，再经过两河流域，来到了中东古城巴格达。一切都进行得很顺利，只要从这里走到波斯湾的出海口霍尔木兹，就可以乘船去中国了。然而，天有不测风云，一天，当他们一行人在一个小镇上买东西时，被强盗盯上了。这伙贪婪而凶残的强盗趁他们晚上睡觉时偷袭了他们，并把他们关押起来。半夜，马可·波罗和父亲逃了出来。当他们搬来救兵时，那群得手的强盗早已不知所踪，他们只救下了叔叔，其他的十几名旅伴却人间蒸发了。

虽经此剧变，马可·波罗和父亲、叔叔三人却并没有放弃东行的计划。探险家的热血让他们仍然对未来充满了期待。后来，他们来到了霍尔木兹。在这里，他们一直等了两个月，都没遇上去中国的船只。

眼看着时间一点一点地过去，三人决定不再浪费时间，改走陆路。相对于水路而言，这是一条铺满荆棘的危险之路，是一条足以让最有雄心的探险旅行家也望而却步的路。然而，马可·波罗三人却坚定不移地走了下去。他们从霍尔木兹向东行进，越过了荒无人烟的伊朗沙漠，跨过了寒冷而危险的帕米尔高原。他们一路上跋山涉水，克服了病痛、饥饿等重重困难，躲开了毫无人性的强盗和凶残的野兽，最后终于来到了中国的新疆。

一到新疆，马可·波罗浑身的疲惫都消失了，他的注意力被眼前这个神奇的世界牢牢地吸引住了。美丽繁荣的喀什、盛产美玉的和田，四处遍布的花园让这个意大利人眼花缭乱，目不暇接。

然而，时间有限，新疆并不是马可·波罗一行人的目的地。在这里短暂地停留后，他们三人继续向东，穿过塔克拉玛干沙漠，来到了古城敦煌。在敦煌，他们满怀虔诚和激动，瞻仰了举世闻名的佛像雕刻和古敦煌壁画。接着，他们经过玉门关，穿过河西走廊，翻越了万里长城，终于，在1275年的夏天，他们到达了目的地，元朝的北部都城——上都（今内蒙古自治区多伦县西北）。这时距他们离开祖国意大利已经过去了四年。他们花了整整四年的时间才到达中国！

马可·波罗的父亲和叔叔向忽必烈大汗呈上了教皇的回信和礼物，并向大汗介绍了年轻的马可·波罗。此时，马可·波罗才21岁，但四年的长途跋涉让他看起来异常成熟而智慧。忽必烈大汗非常赏识马可·波罗，特意请他和父亲、叔叔三人进宫讲述他们沿途的见闻，甚至还留他们三人在元朝当官任职。意大利人担任元朝的官职，这在当时也算是轰动性的新闻了。

到达中国后，马可·波罗的探险之旅并没有结束。这位聪明的年轻人很快就学会了蒙古语和汉语。忽必烈大汗命令他到中国各地去巡视，他知道，他的机会来了。一段新的冒险旅程就要开启了。

此后，马可·波罗走遍了中国的山川湖泊。中国地大物博，人杰地灵，这一切都让这个意大利人充满了惊奇和敬畏。在十几年的时间里，马可·波罗先后到过新疆、甘肃、内蒙古、山西、陕西、四川、云南、山东、江苏、浙江、福建以及北京等地，还曾经出使过越南、缅甸、苏门答腊等地。每到一处，马克·波罗都要详细地考察当地的风俗和地理人情，并记载下来。

时光飞逝，岁月如梭，17年的时间很快就过去了，马可·波罗也从一个年轻人成长为一名睿智的中年人。同时，久离故土的他也越来越想家。他的父亲和叔叔年纪大了，也想早点回到祖国。

1292年春天，马可·波罗和父亲、叔叔三人受忽必烈大汗委托，护送一位蒙古公主从泉州出海到波斯去和亲。他们趁机向忽必烈大汗提出回国的请求，大汗答应他们，在完成使命后，他们可以回国。

1295年末，在离开故土整整24个寒暑之后，马可·波罗三人终于回到了威尼斯，回到了他们阔别已久的亲人和朋友身边。他们从中国回来的消息迅速传遍了整个威尼斯，而他们在外的见闻也引起了人们浓厚的兴趣。

1298年，已届不惑之年的马可·波罗参加了威尼斯与热那亚的战争，同年9月7日，他不幸被敌军俘获。在狱中，他遇到了作家鲁思梯谦，这两人一拍即合，于是便有了由马可·波罗口述、鲁思梯谦记录的《马可·波罗游记》。

《马可·波罗游记》的主要内容是关于马可·波罗在中国的旅行纪实，以及他途经西亚、中亚和东南亚等一些国家和地区的情况。在书中，马可·波罗用优美华丽的语言盛赞了中国的繁荣昌盛：高度发达的工商业、热闹非凡的市集、华美而价廉的丝绸布匹、宏伟壮阔的都城、四通八达的驿道交通、流通性极高的纸币……这些内容具有难以想象的魔力，使得每一个读过这本书的西方人都对中国充满了无限的神往。

《马可·波罗游记》

有趣的是，马可·波罗虽然是西方人，但他的《马可·波罗游记》却成了世界上第一张展示中国魅力的国际名片。书中，那些对于东方世界的生动描绘打开了欧洲人的地理和心灵视野，掀起了一股东方热、中国流，并激发了欧洲人此后延续了几个世纪都不曾消退的东方情结。可以这么说，《马可·波罗游记》并不是一本普通的书，在中西方的探险史和交流史上，它具有划时代的作用和深远影响。它开辟了中西方直接联系和接触的新时代，也给中世纪的欧洲带来了新世纪的曙光。

在那之后，许多西方人开始疯狂地涌向东方，学习东方，政治和文化的交融为欧洲带来了翻天覆地的变革。许多中世纪很有价值的地图，也是后人参考《马可·波罗游记》绘制出来的。在之后的数个世纪里，受马可·波罗的鼓舞和启发，许多航海家勇敢地跨出国门，扬帆远航，积极地探索这个伟大的世界。

这些探险家中包含许多为世界文明做出了突出贡献的大探险家，哥伦布便是其中的佼佼者。作为《马可·波罗游记》的忠实读者，他之所以环游世界，原本是想去富饶的中国探秘，没想到，途中却意外地发现了美洲大陆。

如今，马可·波罗的东方之旅已经过去700多年了，但他的探险精神却依然震撼着我们的心灵，激励着我们奋发图强，向未知的领域不断探索。我们有理由相信，将会有越来越多的人踏上由马可·波罗开辟出的这条东西方交流之路，并通过自己的努力不断地延伸和拓宽这条道路。在未来，这条路将越来越宽广、越来越平坦，超越时间和空间的局限性，带领中西方人民走向一个和谐而美好的世界。

探险的黄金时期

07 大航海时代来临

15世纪开始，世界性的探险活动慢慢从早期的原始探险过渡到了兴盛的黄金时期，历史上被称作地理大发现的大航海时代随之来临。

而提起大航海时代，我们应该首先从欧洲小国葡萄牙的远航事业说起。而提起葡萄牙的远航事业，首先跃入我们脑海的则应该是葡萄牙国旗上那一片绿色所代表的亨利王子——大航海时代的伟大先驱。

葡萄牙最初是作为一位卡斯提尔王国（现在的西班牙）公主的嫁妆分裂而来的，在拉丁语里，葡萄牙这个国名的原意是“温暖的港口”。这倒是与葡萄牙的地理位置十分吻合——葡萄牙土地贫瘠，物产非常有限。它的陆上国境线全部与强国卡斯提尔王国相邻，几乎没有任何发展空间。到了15世纪，葡萄牙的人口已经达到了150万左右，人口众多，资源匮乏，葡萄牙人面临着前所未有的困境，而他们唯一的出路便是向海上发展。最早意识到这一点的，不是别人，正是被后世称为“航海家”的亨利王子。

亨利王子是一名血统高贵的王子，他出生于1394年，他的父亲是葡萄牙国王若奥一世。据说他诞生时的星象预示他“必将进行伟大而高贵的征伐，更为重要的是，他必将发现他人无法看到的神秘的东西”。

葡萄牙亨利王子

1415年，年仅21岁的亨利王子亲任统帅突袭北非城市休达，事先摩尔人一点也不知情，结果仅用了一天时间，休达就被攻陷，葡萄牙人仅阵亡了8人。在战争中，这位年青的王子表现出了非凡的勇气。然而，他却并没有按部就班地成为陆地上的英雄。

在休达城的时候，亨利王子了解到，在阿特拉斯山脉以南有一片大沙漠。这片沙漠中分布着一些有人居住的绿洲。那是一片富饶的土地，地下埋藏着大量的黄金，而地上则有着数不清的黑人奴隶。休达城的摩尔人曾派出商队穿过沙漠，到那里去开采黄金和掠夺黑人奴隶。

这个梦幻般的富饶国度让亨利王子心生向往，他决定无论如何要沿海路到达这个国家，获得那里的黄金和黑人奴隶。也正因为这个原因，在战场上叱咤风云的青年王子最终没有投身于陆上事业，而是义无反顾地跻身于在当时被很多人不屑一顾的航海事业。

15世纪初，虽然航海技术已经较之前有了很大的进步，但航海事业仍然是一项极为艰苦、风险大、收获小的事业——当时海船很小，一般只能乘数十人。船舱低矮，住在里面的船员甚至无法直立起来。厨房的设备十分简陋，负责烹调食物的不是厨师，而是一般的船员，所以，船员们吃到的食物常常半生不熟。饮用的淡水是用小木桶装好的，出海后，水很快就会变质，变得十分难闻。更让人望而却步的是，一旦离岸，船上的船员就吃不到新鲜的蔬菜和水果了，由于缺乏维生素，大批的船员死于坏血病。当然，由于恶劣的卫生条件和饮食条件，除了坏血病外，当时的船员还会死于各种各样的疾病，再加上频频发生的海难事故，所以，当时海员的“正常”死亡率是40%。这一切都足以让人对航海事业退避三舍。在这种情况下，成为海员的常常是无业游民、小偷、罪犯等等。生活正常的人们是很难有兴趣去航海的，更别提贵族阶级了。所以，当时的人很难想象，地位高贵且已经在战争中崭露头角、前途无量的亨利王子竟然会投身于航海事业。

据史料记载，亨利王子对权力没有野心，在激烈的王室争权夺利斗争中他总是置身事外。从休达战场上回来以后，他便把整个身心都投入到了航海探险事业中。

从1415年开始，亨利王子就着手准备对非洲西北部的探险，他曾经亲自参与了海船的改进，并从意大利招揽了大批航海人才，在萨格里什创建了航海学校，专门教授先进的航海、天文、地理等知识，增加民众的航海知识。亨利王子还在附近的拉各斯修建了海港和船坞，建造海船。当时，亨利王子继承了葡萄牙的阿维斯骑士团，成为骑士团的首领，这个骑士团在葡萄牙拥有大片地产——这些财富成为亨利王子远航事业的物质基础。这位极具探险精神的年轻人把骑士团一年的收入拿出来，装备了几支远航探险队，开始对西北非洲各地进行广泛的航海探险。从此，葡萄牙的航海事业正式开启。

1418年，亨利旗下的船长札科和泰赫拉发现了马德拉群岛，这是一片曾在70年前被热那亚人发现过、不久却被忘却了的地域。

航海事业小有所成，亨利王子让众人刮目相看，然而，他的航海事业却并没有因此停滞不前。后来，亨利在一张1351年的意大利地图上注意到了亚速尔群岛。1431年，他派遣卡夫拉尔前往那里勘探，结果大获成功，他们发现这片岛上拥有很多可供发展的资源。从那以后，这些具有很高经济价值的海上岛屿被一一并入葡萄牙的版图，葡萄牙得到了空前的发展和繁荣。

当然，最吸引亨利的还是非洲大陆，因为这里才是他航海探险的原动力。

其实，早在1341年到1346年，加泰罗尼亚与葡萄牙的航海家便曾沿着非洲西海岸南航900千米，最后到达了博哈多尔角。然而，水手们却在这里停滞不前，他们不敢再向南航行，便灰溜溜地回到了欧洲。为了掩饰自己的胆小，他们撒谎，说在那里遇到了很多恐怖的土著人。他们还扬言，说凡是通过博哈多尔角的基督教徒都会变成低贱的黑人。博哈多尔角以南对于当时的欧洲人来说是一个全然未知的世界，那里暗礁密布，巨浪滔天，有神秘莫测的急流，阿拉伯人把这片海域恐惧地称为“黑暗的绿色海洋”。中世纪阿拉伯地图上，在博哈多尔角稍南的海岸边，画着一只从水里伸出来的魔鬼之手。

亨利王子偏偏不信这个邪，他派遣手下的船长吉莱恩斯远航非洲。然而，这位船长也被谣言击败了，第一次航行中，他并没有到达目的地。对非洲一直充满种种幻想和期盼的亨利并没有放弃，他下令吉莱恩斯再次出航，并嘱咐他一定要带回有关非洲陆地与海洋的详细情报。

亨利王子的坚持得到了丰厚的回报——吉莱恩斯终于在1435年抵达了博哈多尔角以外约240千米的地方。那是一个十分炎热的地方，但是吉莱恩斯却意外地发现了赤道地区茂密的植物。六年之后，亨利王子的另一位手下特里斯唐再接再厉，航行到了更远的布朗角。

在杜亚尔特统治期间，国王把马德拉群岛1/5的税收作为航海基金。1438年，阿方索五世继位，摄政王佩德罗把博哈多尔角以南的航海与贸易权交给亨利，并免除航海所得收益的一切税金，雄厚的资金是亨利航海探险事业的强大推动力。但不能只为了探险而探险，因为旷日持久的探险并没有带来相应的收益，亨利遭受了越来越多的批评，人们甚至认为航海是毫无意义、毫无收益的活动。于是，亨利开始掠夺海外的财物，但雪上加霜的是，他们在进攻摩洛哥丹吉尔的战役中遭遇惨败，亨利王子的兄弟费尔南多也被扣为人质，而且最终死在了当地的土牢里。

1441年，亨利孤注一掷地重新探险非洲，这一年不仅创造了向南航行的新纪录：布朗角（今毛里塔尼亚的努瓦迪布），还破天荒地带回来了十个穆斯林俘虏。这标志着欧洲人开始卷入奴隶贸易。而当时人们认为从海外带回奴隶是一件利国利民的事，亨利也想让自己的航海探险显得更有价值，于是在1444年组织了以掠夺奴隶为目的的航行，一次就带回来235名奴隶，并在拉古什郊外出售，这是欧洲罪恶的奴隶贸易的开始。

此后，亨利王子的航海事业得到了空前的发展，他手下的很多位船长都取得了令人瞩目的成就——迪亚斯抵达了名为佛得角的肥沃岬角（岬角：向海突出的夹角状的陆地，常常是被海水淹没的一部分山地，或是还没有被海水冲蚀掉的山地的一部分）；兰萨罗特远航到了塞内加尔河口；卡达莫斯托成为佛得角群岛的发现者。

然而，正当探险事业轰轰烈烈进行的时候，亨利王子却与世长辞。虽然他人不在了，但他的探险精神却激励着后人勇往直前，勇敢地探索未知的领域。而站在亨利王子这位探险先驱的肩膀上，后世的探险家们也能走得更快、更稳。

亨利王子去世后的1487年，另一位名叫迪亚士的航海家率领船队沿非洲西海岸南下，于1488年发现了好望角。1497年，达·伽马率领四艘船的船队，从里斯本出发，绕过好望角，到达了非洲东海岸的莫桑比克等地区，最后还抵达了印度的西海岸。这是一个划时代的进步，从此，欧洲至亚洲的航线被开辟出来。

回顾亨利王子的一生，他本是身份尊贵的王子，却像苦行僧一般生活简朴。亨利王子为远航探险的事业耗费了大量的财力、物力、人力，也耗费了他的青春和才华。然而，在他生前，他得到的实际收获却并不大。在利益的驱使下，很多人或许会放弃，但亨利王子没有，他看准了航海事业，并为之付出了自己的一生。亨利王子在世时，大力地提倡远航探险、建造船队、改进测绘技术和推动海路贸易，他的坚持为后世葡萄牙一举成为富强的海洋帝国打下了坚实的基础。

正是有了亨利王子这块“基石”，葡萄牙这个面积和资源都赶不上中国福建省的小国，以不到100万的人口，拉开了人类大航海的序幕，使相互隔绝的人类联系日益紧密，并在几十年间崛起成为西欧最富有的国家之一，一度与西班牙瓜分了整个地球。所以，后世的葡萄牙人才会用国旗上那一片绿色向他表达尊敬和赞美。

亨利王子纪念碑

在地理大发现时代，那些驾着破船、吃着发霉的食物、喝着臭水，没有航海图、只能靠上帝决定航向，只为了看一眼新海岸的模糊轮廓就毅然决然离家，在海上漂泊数年的航海者才是真正的勇士！让我们向亨利王子致敬，向他的船长和船员们致敬。在当时，这些人或许是地位低贱的贫民、流氓和囚犯，然而，他们却无私地从事着高尚的航海探险事业，他们的血汗和牺牲换来了人类发展史上的又一大步。

08 郑和下西洋

自进入大航海时代之后，西方的葡萄牙、西班牙等国先后涌现出了一大批优秀的航海家，如麦哲伦、哥伦布、达·伽马等人。而在同一时代的中国，另一位航海家也在探险领域取得了了不起的成就！他就是明朝的航海家，“大航海时代”的先驱——郑和！

明朝时期，明太祖朱元璋把儿孙分封到各地做藩王，随着时间的流逝，藩王的势力日益膨胀。朱元璋死后，他的孙子建文帝即位。为了巩固自己的皇权，建文帝采取了一系列削藩政策，这严重威胁了藩王的利益，坐镇北平的燕王朱棣起兵反抗，随后挥师南下，这场统治阶级内部争夺皇位的战争被称为“靖难之役”。

1402年，朱棣攻破京城应天（今江苏南京），在战乱中，建文帝下落不明。同年，朱棣即位，史称明成祖。第二年，明成祖改元永乐，改北平为北京。1421年，明成祖迁都北京，称北京为京师，南京为留都。

朱棣即位后，兢兢业业，励精图治。在他的统治下，中国国力昌盛，每隔几年，周围的很多小国家都会派使者前来朝贡。传说逃亡在外的建文帝却始终是朱棣的一块心病，为了寻找可能流亡在外的建文帝，同时也为了宣扬明朝的国威，展示中国的富强，发展海外贸易，朱棣下令建造了一支规模庞大的西洋船队，准备任命自己的心腹为总兵正使，让他带领船队远赴西洋。

该派谁来担任下西洋的总兵正使呢？朱棣将目光瞄准了自己的心腹——郑和。

朱棣手下的官员众多，他为何独独对郑和青睐有加呢？原因有很多。

首先，郑和是“靖难之役”的有功之臣，朱棣对其十分信任。他懂兵法，有谋略，骁勇善战，具有卓越的军事指挥才能。

郑和塑像

其次，郑和知识丰富，他熟悉西洋各国的历史、地理、文化、宗教，具有娴熟的外交手腕和卓越的外交才能。他是一名出色的航海家，同时也是一名不可多得的外交家。在此之前，郑和曾出使暹罗、日本等国，并与这些国家进行了一系列成功的外交活动。

最重要的是，郑和具有一定的航海、造船知识。他从小就跟随父亲学习航海知识，他熟悉海洋，心中充满了对航海和探险的渴望。在下西洋前，郑和曾进行过两次较远距离的海上航行，他有着丰富的航海知识和难能可贵的远航经验。

郑和宝船模型

正是由于郑和具备这些优异的才能和素质，他才得到了朱棣的赏识，并委以重任，成为了下西洋船队的统帅。

历史上，郑和和他的船队曾经七下西洋。

永乐三年（1405）六月，郑和第一次下西洋。他的船队顺风南下，很快到达了爪哇岛上的麻喏巴歇国（现在的印度尼西亚）。当时，这个国家的东王、西王正在打内战。东王战败，他的领土被西王的军队占领了。郑和船队上的人员上岸到集市上去做生意，却被西王的军队误认为是来援助东王的，被西王误杀，这样无辜丧命的一共有170人。郑和的部下认为将士的血不能白流，他们纷纷请战，请郑和向西王宣战，为白白牺牲的将士们报仇。

在当时，郑和的船队是世界上最强大的海军编队，如果打起仗来，将会毫无悬念地获胜。因此，“爪哇事件”发生后，西王十分害怕，他派使者向郑和谢罪，并愿意赔偿六万两黄金。郑和出海不久就遭此厄运，稀里糊涂地损失了170名将士，按照常理，这必然会引发一场大规模的战斗。然而，为了避免两国冲突，引起更多的流血和牺牲，郑和决定化干戈为玉帛，和平处理这一事件。他不仅不计前嫌，还放弃了对麻喏巴歇国的赔偿要求。西王感激涕零，从此，两国和睦共处。

直到21世纪的今天，每当印尼的历史学者们谈到此事时，都对郑和表示由衷的敬佩。他们说600年前，郑和在处理“爪哇事件”的时候，不但不动用武力，而且不要赔偿，他是传播和平的使者，他传播的是中国“以和为贵”的传统礼仪和“四海一家”的中华文明。他的这一作为使中国和印尼两国人民的传统友谊源远流长。

郑和船队到达旧港（今苏门答腊岛的巨港）的时候，突然遭到海盗的拦截袭击。这群海盗的头领叫陈祖义。陈祖义本是广东人，洪武年间跑到南洋，召集一伙人占领了旧港，常常打劫路经此地的商船，许多国家的商人都深受其害。

郑和下西洋前，中国周边的国际环境动荡，东南亚地区各国相互猜疑，互相争夺，有的国家甚至还杀害明朝使臣，拦截向中国朝贡的使团。而且海盗猖獗，海上交通线得不到安全保障，不仅影响了明朝的国际形象，也不利于明朝的稳定和发展。郑和下西洋的重要目的就是调解和缓和各国之间矛盾，维护海上交通安全，从而把中国的稳定与发展同周边联系起来，建立一个长期稳定的国际环境，提高明王朝的国际威望。

这一次，陈祖义算是撞到枪口上了，不过这个海盗狡猾得很，他见郑和船队船多兵众，不敢贸然下手，就假意向郑和投降，准备暗地里打劫。郑和及时发现了陈祖义的阴谋，立即部署对策。等陈祖义率众人来抢劫时，他指挥将士们把海盗打败，杀死了5000多人，烧毁了海盗船只10艘，俘获7艘，还活捉了陈祖义。

最强大的海盗在郑和船队面前竟然不堪一击，这极大地震慑了其他海盗，这一地区顿时平静了很多，更多的国家感受到了大明王朝的威严，于是，郑和远航的途中，很多国家都派出使者随船航行，准备到明朝国都朝贡。所以郑和船队船上的人员越来越多。这次远航持续了两年多，直到永乐五年九月初二（1407年10月2日）才回到祖国。

永乐五年九月十三（1407年10月13日），刚回国的郑和就开始着手进行第二次远航的准备，这一次，他远航的目的主要是送前来明朝国都朝贡的外国使节们回国。据史料记载，这一次下西洋的人数有27000多人，而这次出访，郑和和他的船队所到之国十分众多，有占城（今天的越南中南部）、渤尼（今天的文莱）、暹罗（今天的泰国）、真腊（今天的柬埔寨）、爪哇、满剌加、锡兰、柯枝、古里等数十个国家。这又是一次耗时两年的海上大冒险，永乐七年（1409）夏天，郑和的船队才回国。

在海上航行了两年的郑和并没有在陆地上多做停留和休息，永乐七年九月，朱棣命令郑和统领官兵27000余人，驾驶48艘船只，进行第三次西洋航行。而这一次航行的主要目的是前往沿线众多小国进行赏赐，弘扬明朝的国威。

这一次，郑和和他的船队先后到达了几十个小国家，并与这些国家建立了友好的外交关系。然而，凡事总有例外，锡兰山国的国王亚烈苦奈儿刚愎自用，阴险狡诈。郑和到锡兰山国时，亚烈苦奈儿想要谋害他，抢夺他的船队，后来被郑和觉察，离开锡兰山国前往他国。

郑和船队

永乐九年六月十六（1411年7月6日），郑和开始启程返航，回国途中，他再次访问锡兰山国，亚烈苦奈儿故技重施，发兵五万，想劫持郑和的船只。郑和临危不惧，率兵两千包抄亚烈苦奈儿的后路，将他和他的家属等生擒。回国后，郑和将战俘献给朱棣。为了维护两国人民间的传统友谊，朱棣下令释放亚烈苦奈儿，并立了贤能的人做锡兰山国的新国王。而郑和在第三次下西洋途中，遭遇突袭却能迅速想到克敌制胜的计策，实在是让人佩服。

此后，郑和又奉命进行了三次西洋远航，值得一提的是，有人认为在永乐十九年正月三十（1421年3月3日）起航的第六次远航中，郑和发现了美洲。

这种说法并非空穴来风，英国学者加文·孟席斯就坚持认为，是郑和发现的美洲，他的理论依据主要有两个：一是孟席斯在威尼斯发现一张绘制于1459年的地球平面图，上面绘有南非和好望角，旁边还画着一艘中国帆船。好望角是在1488年被迪亚士发现的，为此，孟席斯推断欧洲的航海图可能来自中国。因为郑和船队人员曾根据自己的航海经验绘制了24幅航海地图，欧洲航海家正是手持郑和的航海地图进行航海探险活动的。二是在美洲加勒比海海底发现了中国古船的残骸、石锚、渔具等遗物，孟席斯运用自己掌握的关于风向和潮汐方面的知识，推断出在1421年12月，郑和船队中有9艘远洋帆船在加勒比海海底沉没。

永乐二十二年（1424），明成祖朱棣去世，仁宗朱高炽继位。很快，仁宗便以经济空虚为理由，下令停止下西洋的行动。

此时，郑和已经年过半百，古人的寿命较短，在当时的人们看来，他已经老了。很多人都在猜测，他的西洋航行或许将止步于此。然而，郑和人老心不老，而老天爷也对他格外眷顾。

1425年，仁宗朱高炽病逝，朱瞻基继位，改元宣德。

宣德五年（1430），因为外番小国久久不来明朝朝贡，宣德帝命郑和前往西洋忽鲁谟斯等国执行公务。

宣德五年闰十二月初六（1431年1月），时年60岁的郑和率领27000余官兵、60艘大船，从龙江关（今南京下关）出发，进行了第七次下西洋航行，这也是他人生中最后一次远航。

在返航途中，因为过度劳累，郑和于宣德八年（1433）四月初在印度西海岸古里去世。

从1405年到1433年，从年富力强的34岁到满头白发的62岁，郑和这位伟大的探险家谱写了七次下西洋的壮举。郑和七下西洋是中国古代规模最大、船只最多（240多艘）、船员最多（近30000人）、时间最久的海上航行，比欧洲多个国家的航海时间早几十年。郑和堪称“大航海时代第一人”。

而最后，这位伟大的探险先驱死在了航海的途中，他为自己最为热爱并为之奉献一生的航海事业献出了生命。

09 迪亚士发现好望角

◇……………

13世纪末，威尼斯商人马可·波罗将自己在东方游历的经历写成了《马可·波罗游记》，这本游记把东方描绘成了一片遍地是黄金、富饶而繁荣的乐土。这引发了一股西方人到东方寻找黄金和财富的热潮。然而，奥斯曼土耳其帝国却盘踞地中海，控制了东西方的交通要道，贪婪的奥斯曼土耳其帝国人对往来过境的商人肆意征税，甚至是勒索，再加上连年的战乱和海盗的掠夺，东西方的贸易受到了严重的阻碍。

这样的状况一直持续了一个多世纪，直到15世纪，葡萄牙和西班牙开始崛起，他们不甘心一直受奥斯曼帝国的盘剥，决定开辟一条到东方的新航线，到东方去掠夺黄金和香料。在政府的支持下，西班牙和葡萄牙两国涌现出了一大批优秀的探险家和航海家，这其中便包括葡萄牙的探险家迪亚士。

迪亚士身份高贵，他出身于葡萄牙的一个王族世家，他的父亲和祖父都是追随亨利王子的航海家。受到祖辈和父辈的影响，从小，迪亚士就对海上的探险活动充满了兴趣。青年时代，他曾随着亨利王子的船到过西非的一些国家，在这个过程中，这位勇敢而聪明的年轻人积累了丰富的航海经验和大量的航海知识。

在15世纪80年代以前，不少西方人都认为印度洋是一个死海，他们根本不知道非洲大陆的最南端在何处。为了弄明白这一点，许多探险家满怀希望地扬帆远航，但结果差强人意。然而，接二连三的失败却并没有熄灭人们的热情，当时，西欧的探险家们对于越过非洲最南端去寻找通往东方的新航线抱着极大的兴趣，迪亚士便是其中之一。

迪亚士

机会来了，1486年，葡萄牙国王若昂二世委托迪亚士出发前往非洲大陆的最南端，以此来开辟一条通往东方的新航路。

迪亚士并没有像一些野心勃勃的探险家那般急功近利，自大冒进，他花了十个月的时间精心准备这次远航，并找来了四个同样优秀的同伴和自己的兄长，一起踏上了这次冒险之旅。

1487年8月，迪亚士一行人率领两艘武装舰船和一艘补给船从里斯本出发了，船队沿着非洲西海岸向南驶去。我想，在出发那日，年轻的迪亚士一定站在船头向上帝祈祷，希望这一次的远航能揭开非洲最南端的秘密。

船队沿着非洲海岸南行。一开始，航行十分顺利，他们没用多长时间就到达了西南非洲海岸中部的瓦维斯湾。但是，他们不久就发现，在继续往南的航行中，海岸线变得越来越模糊。

在出发之前，迪亚士足足准备了十个月，然而他却不是一个慢性子，现在，他一心想加快速度，而货船的速度实在太慢了。很显然，老让它跟在后面，什么事也干不成。于是，迪亚士命令把货船上的食物全部搬到两艘快船上，让它独自返航了。

果然，船队的速度大大加快了。两艘快船在蔚蓝的大海上破浪疾行。正当他们为航行顺利而庆幸时，船队遇上了一场大风暴，咆哮的海浪铺天盖地地扑向船队。迪亚士当机立断，连忙下令落帆，向西行驶。在狂风呼啸中，水手们只能爬到桅杆底下放下风帆。他们知道，飘扬在暴风中的风帆将带来船倾人亡的危险。好不容易才将帆落下来，艰难地向西行驶着。在风暴的肆虐下，两艘船犹如浮萍一般左摇右晃着。

尽管船队努力地向西行驶着，但人类在大自然面前显得如此渺小，可怕的风暴把落了帆的船只推向了南方。强烈的风暴整整肆虐了10天才平息下来，狰狞的大海又恢复了昔日的温柔和平静。

这时，迪亚士和船员们都想休整一下。根据以往的航海经验，迪亚士知道，沿非洲大陆南行时，只要向东航行就必然会停靠在海岸边。于是他下令调转方向，向东航行。

船队向东航行了好几天，都没有看到预料中的非洲海岸线。这让迪亚士意识到，这场风暴让他们远离了非洲大陆，但他并没有心生退意，反而意志坚定地下令继续向东前进。

两艘船又向东航行了好几天，然而海岸线非但没有出现，反而似乎越来越远了。这让船员们茫然不知所措起来，就连航海经验丰富的迪亚士也觉得奇怪。突然，迪亚士似乎想到了什么，整个人都兴奋起来，他明白自己这是已经绕过非洲的最南端了，所以才会越向东航行离大陆越远。于是，他下令调转船头，向北前进。

大难不死，必有后福。1488年2月3日，海岸线再次出现在了迪亚士的视线中，迪亚士一行人欣喜若狂。这充分证明了一个事实：他们的船队已经成功地绕过了非洲大陆的最南端。后来，他们到达了非洲大陆最南端的一个贫穷而落后的海湾。在这里，迪亚士遇到了一些土著牧民，他在这里竖起了一块石碑，并将这个海湾命名为“牧人湾”(后称莫塞尔湾)。

离开牧人湾后，迪亚士命令船队沿着海湾继续向东航行。航行了一段时间后，迪亚士发现海岸线逐渐转向了东北方向的印度。此时，迪亚士已经非常确定了：他已经绕过非洲大陆南端的全部海岸，打通了前往印度的新航线。

1488年3月12日，迪亚士的船队到达了这次航行的最远端——布须曼河河口附近的夸伊胡克，他在这里竖起了第二块石碑。迪亚士坚信，只要船队再继续向东航行，就一定可以到达神秘的东方。然而，此时，饱受风暴折磨的船员们都十分疲惫了，他们拒绝继续前行。无奈之下，迪亚士只能开始返航。

在返航途中，迪亚士在靠近非洲大陆南端的地方发现了一个海角，而这里正是他们当初遭遇大风暴的地方。迪亚士觉得这是一个值得纪念的地方，就在这里竖起了第三块石碑，并给它取了个形象的名字“风暴角”。

1488年12月，经过16个月的远航后，迪亚士的船队终于返回了里斯本港。

迪亚士回国后，马上向葡萄牙国王报告了航海过程。国王非常高兴，可又觉得“风暴角”这个名字不太吉利，于是把它改名为“好望角”，意思是绕过这个海角就有希望到达富庶的东方了。

好望角

如今，好望角已成为一个重要的海上交通枢纽，是穿梭往返于欧亚大陆之间的船只的必经之地。不论春夏秋冬，这里的海面上始终狂风呼啸，波涛汹涌。巨浪一般在6米以上，有时竟达15米左右。所以，当年迪亚士的船队经过这里时才会遇上那么大的风暴。

在世界探险历史上，迪亚士的此次远航具有划时代的意义——它标志着欧洲人第一次打通了大西洋和印度洋之间的海上通道，通过这条海上通道，欧洲人终于可以绕过伊斯兰世界，直接与印度和亚洲其他国家和地区展开贸易。

1497年，国王曼纽儿一世命令迪亚士再次远航。迪亚士带着四条商船出发了，他们绕着非洲的海岸线，沿途进行商业贸易。

这个时期，是葡萄牙倾全国之力进行大航海的时期，1500年3月9日，葡萄牙航海家卡布拉尔率领一支庞大的舰队再次出海，这支舰队包含13艘船和1200人，占当时葡萄牙总人口的千分之一。虽然说船队规模无法与郑和船队相提并论，但对照以前的探险少则一条船、多则四条船的规模，可以说是空前的，也反映出国王志在必得的雄心壮志。迪亚士担任其中一条船的船长，随着这支舰队扬帆出海。这次的目的地依然是印度，达成迪亚士一直以来的心愿。

为了安全起见，舰队尽量远离非洲西南海岸，所以就绕了一个弧形向西南方向前进。但这个弧形绕得有点太大了，以至于他们到达了南美大陆东部隆起的地方，于是，戏剧性地发现了巴西。卡布拉尔派一艘船回去报信，余下的船继续航行。

然而，不幸的是，5月24日，船队在好望角附近的洋面上遭遇了可怕的飓风。四条商船被十几米高的海浪掀翻，年仅50岁的迪亚士葬身在了大西洋海底。这位勇敢的探险家为自己钟爱的探险事业献出了宝贵的生命！

不过，虽然迪亚士葬身海底，但他勇敢无畏、坚韧不拔、开拓进取的精神却激励着同伴继续扬起风帆，去探索那神秘的东方。1500年9月13日，卡布拉尔的船队抵达印度的卡利卡特。

后来，卡布拉尔在奎隆等地设置商站，同印度南部沿海地区建立了正式的贸易关系，并建立了在印度的第一个欧洲殖民地。当卡布拉尔在卡利卡特的殖民地遭到穆斯林商人袭击时，他随即宣战。卡布拉尔优良的大炮击沉了10艘阿拉伯船只，并炮轰了卡利卡特。然后，卡布拉尔继续向科钦进发。1501年，当他最后返回葡萄牙时，他带回了当时欧洲人所见到的最丰富的香料。

虽然迪亚士最终并没有到达印度，但他依然无愧于一个伟大的航海家，而且正是因为他的航海，引起了所谓的“商业革命”和“价格革命”，打破了各国相对隔绝的状态，为世界市场的形成创造了条件，促进了西欧封建制度的解体和资本主义的成长。

10 阴差阳错发现“新大陆”

14世纪末，马可·波罗所著的《马可·波罗游记》在西方掀起了一股狂热的东方热潮，葡萄牙、西班牙等国的诸多探险家开始探寻去印度和东方的新航路。

这其中，葡萄牙人走的是稳扎稳打的路线，他们的船队沿着非洲西海岸向南大西洋航行，试图绕过非洲，开辟去印度、东方的新航线。而同一时期，一个伟大的探险家却另辟蹊径，计划开辟另一条去印度、东方的新航线——从西欧向西横渡大西洋，到达印度、亚洲的东海岸。这个大胆计划的提出者和实施者便是大名鼎鼎的大探险家和大航海家哥伦布。

哥伦布约生于1451年，是信奉基督教的犹太人后裔。家境普通的他从未受过正式的教育，可他却聪明好学，自学了拉丁文，从书本里吸收了丰富的地理学知识。

哥伦布画像

哥伦布是马可·波罗的崇拜者，从小，他就喜欢看《马可·波罗游记》，书中遍地是黄金的富庶东方引起了他的强烈兴趣。当时，“地圆说”已经在欧洲盛行起来，哥伦布也深信不疑。他坚信，从西欧向西横渡大西洋，便可以到达东方，而这条路径一定比同一时代葡萄牙人所发现的东航路线更短更迅捷。

为了探寻到东方世界的新航路，也为了实现自己的远大抱负，年轻的哥伦布先后多次向葡萄牙、西班牙、英国、法国等国的国王请求资助，以实现他向西航行到达东方的伟大计划。只可惜，他的请求都被冰冷地拒绝。当时，“地圆说”的理论还不十分完善，许多人不相信哥伦布的话，把他当成了骗子和疯子。

面对别人的嘲笑和冰冷的拒绝，哥伦布并没有放弃自己的计划，他到处游说了十几年。直到1492年，他遇到了一位贵人——西班牙王后。这位王后被哥伦布的坚持所折服，她说服了西班牙的国王，甚至要拿出自己的私房钱资助哥伦布。有了贵人的鼎力相助，哥伦布的远航计划得以实施。

这一年的8月3日，哥伦布带着西班牙国王给印度君主和中国皇帝的国书，率领船队从西班牙巴罗斯港出发，扬帆出大西洋，径直向正西方向驶去。

哥伦布的船队由三艘大帆船组成，分别是“圣马利亚”号、“平特”号、“宁雅”号，船上有88名水手，还装有大炮、粮食和哥伦布准备与未开化地区土著们做交易用的商品。

在当时，航海水平十分落后，航海是一项十分危险的行业，稍有不慎，远航的船员们便会被海上的风暴吞没。再加上哥伦布“不走寻常路”，以“南辕北辙”的方式进行航海，愿意相信他的人更是少之又少。因此，招募水手的工作十分困难。一般人都不会选择水手这个职业，只有一些身份低贱的强盗、小偷和犯人等才会冒险去当水手。哥伦布在招募水手时也遇到了极大的困难，他费了九牛二虎之力，才凑到了88名船员——这88人中包括他的一些朋友、佣人和好奇的官员，其他的船员们则是以这次航海为条件而受到赦免的犯人。

这是一次极具冒险性的远航，没有哪个船员知道，哥伦布将带着船队驶向何方。1492年9月6日，哥伦布的船队驶过加纳利群岛，进入了大西洋海域。因为之前几乎所有的航海都是冲着东方去的，当时这一海域根本没有地图记载，一切都充满了未知性。而哥伦布本人却非常自信，根据《马可·波罗游记》的叙述，他断定沿着北纬29°线航行就会到达离中国海岸约2400千米的日本国。当然，在现在看来，他的这一理论是错误的。而在当时，他的这个错误却使得船队误打误撞，一直在“贸易风带”中连续航行。

大帆船在未知的大洋上航行，海面十分开阔，一眼望过去，望不到尽头，也看不到陆地。并不是所有船员都像哥伦布那样胸有成竹，船队在大洋中行驶了一段时间后，船员们开始提心吊胆起来，他们怕迷路，怕海上的大风暴，怕葬身海底。为了稳定船员们的情绪，聪明的哥伦布想了一个好点子——他同时记录了两本航海日志。其中一本是他自己看的，里面一丝不苟地记录着实际航程；而另一本则造了假，里面所记录的航程比实际航程少许多，这本日志是给船员们看的。这个法子成功地减轻了船员们心中的不安和迷茫。由此，我们可以看出，哥伦布不仅是一位极富勇气的航海家，也是一名出色的心理分析师。

这时，新的问题出现了。在此之前，习惯在大西洋海岸使用罗盘的海员们平时所看到的罗盘指针都是指着比北极略为偏东的方向。而当船队离开加纳利群岛四天之后，船员们竟发现罗盘指针指向了北极偏西的方向。其实，这是地磁场带来的磁偏角所引起的，是正常现象。然而，当时的人们却并不了解这一点。这一下，船员们又惊慌失措起来。

哥伦布没有慌，在这片蔚蓝色的迷茫世界中，他用极大的热情鼓励着船员们不要放弃希望，要继续前行。同时，他当机立断，下令靠北极星确定航向。

就这样，哥伦布一行人像瞎子一样在大西洋中艰苦地航行了三个星期。

一个月的时间就快过去了，船员们却依然没看到陆地的影子。船员们心中的恐惧和不满情绪越来越浓，为了分散大家的注意力，哥伦布让他们注意观察船四周的动静。

一些船员看到了一些很像陆地植物的海草，不久之后，又发现有鸟飞翔，这些都是附近有陆地的征兆。这些小发现让哥伦布一行人欣喜若狂，也让他们重拾信心，继续向前。

1492年9月25日黄昏，一名船员向哥伦布报告，说发现陆地了。哥伦布大喜过望，命令船队向那个船员报告的方向驶去。然而，船队航行了一天一夜，却没有看到陆地的影子，映入大家眼帘的依然是蓝色的大洋与天空。船员们失望极了，很快，这种失望情绪转化成了对哥伦布这个指挥官的不满，一小部分人甚至决定放弃远航，一场叛乱的阴谋正悄悄酝酿着。

然而，这个阴谋却没有得逞。很快，哥伦布和他的手下宾森兄弟便知道了这个叛乱计划。他们抓住了几个计划叛乱的船员，宾森兄弟坚决主张将他们处以绞刑，以儆效尤。而善良的哥伦布却释放了这些船员。他恳求大家再坚持几天，同时，他还给船员们发了一些钱，希望以此安顿大家的情绪。一场巨大的危机就这样被哥伦布和平化解了。

10月7日，哥伦布受鸟群飞行的方向启发，将航向改为了西南。几天之后的一个晚上，他发现远方似乎有微弱的亮光。这亮光也成了哥伦布心中的希望之光。

果然，11日夜里10点多，哥伦布发现前面有隐隐的火光。10月12日，这是一个历史性的大日子——拂晓，水手们终于看到了一片黑压压的陆地，全船发出了欢呼声！

这一天，哥伦布的船队终于发现了第一块陆地。从驶离加纳利群岛那天算起，到登上第一块陆地，哥伦布的船队总共用了三个月的时间。这三个月的时间里，哥伦布克服了无数的困难，还靠着自己的机智和果决化解了数次危机。最终，他终于发现了陆地。哥伦布把这个岛命名为“圣萨尔瓦多”，意思是“救世主”。

哥伦布登上美洲

哥伦布虽然踏上了新大陆——美洲，可是，他却认为这是亚洲。因为那时人们根本不知道在欧洲与亚洲之间，还存在着一个美洲——哥伦布压根儿连想都没想到过。

到圣萨尔瓦多岛的这天早晨，欣喜若狂的哥伦布在岛上举行了庄严而肃穆的仪式，并宣布这里是西班牙王国的领土。然后，他率领船员们恭敬地匍匐在大地上，感谢上帝给了他们好运气，让他们实现了梦想。而在当时，岛上红棕色皮肤的土著居民们则好奇而困惑地看着这群白皮肤的不速之客。

哥伦布在附近诸岛游历了一番。很遗憾，那里并不像马可·波罗吹嘘的“黄金遍地，香料盈野”。

哥伦布把39个愿意留在新大陆的人留在了那里，又把10名俘来的印第安人押上船。1493年3月15日，哥伦布返回西班牙巴罗斯港。

此后，哥伦布又先后三次重复了向西航行，并登上了美洲的许多海岸。直到1506年去世，哥伦布都坚信，他所到达的大陆就是东方的印度。后世的人们经过更多的考察，才知道哥伦布到达的地方并不是印度，而是一个原本不为人知的新大陆。就这样，哥伦布阴差阳错、误打误撞地发现了新大陆——西半球的美洲。

虽然哥伦布的几次航行都没有到达他预期的目的地，但他却奇迹般地发现了美洲新大陆。在世界探险史上，这一发现具有十分重大的意义。他的远航是大航海时代的开端，新大陆的发现开辟了一条新的世界性航线，这条航线使海外贸易的路线由地中海转移到大西洋沿岸，世界历史的进程随之改变。

11 寻找“中国”海岸

◇ ……………

进入大航海时期，西方诸多国家掀起了一股股探索新航线的热潮。葡萄牙、西班牙、意大利等国都涌现出了一大批优秀的探险航海家。

在西方诸国之中，英国的航海业并不发达，然而，英国的一个重要港口——聚集了贸易和渔业的布里斯托尔港却在世界航海历史中扮演了举足轻重的角色。

为了扩大贸易，从1480年起，布里斯托尔的富商们便曾多次派出船只去寻找神秘而富饶的巴西群岛和安的列斯群岛，但是这些船只却都无功而返。

15世纪末，哥伦布发现了“新大陆”，这个发现震惊了全球。事实上，哥伦布发现的大陆是美洲大陆，而在当时，哥伦布却坚信自己所到达的地方就是东方大陆。

得知哥伦布的发现后，布里斯托尔的商人们再次跃跃欲试，像哥伦布一样，他们坚信，向西横越大西洋就能到达神秘富庶的亚洲。于是，他们出资装备了一个英国探险队，并寻觅着合适的指挥官，让他带领探险队前往“中国”的海岸。而他们所找到的指挥官便是在当时名不见经传的航海家约翰·卡伯特。

今天的布里斯托尔港

约翰·卡伯特并不是土生土长的英国人，他是意大利人，出生于热那亚共和国。年轻时，他曾在威尼斯生活过，还与当地的一个女人结了婚，生了三个儿子。约翰·卡伯特是一名成功的商人，同时，他也是一名出色的船员。据说，他精通数学和天文学，曾经在西亚的黎凡特经商，还访问过麦加国。这些经历使他具备丰富的航海和贸易经验。1490年，卡伯特携带家眷迁居英国，居住在了布里斯托尔。

卡伯特是“地圆说”的坚决拥护者。他认为，既然哥伦布的远航已经证明了“亚洲”可以向西渡海到达，那么他也可以横渡大西洋，找到一条通往东方世界的西北航道。而且，如果选择靠北一些行驶的话，要比靠近赤道行驶的距离短，并且途中还不会与西班牙人或者葡萄牙人发生冲突。于是，他希望找到一条西北航道。

当时，西班牙和葡萄牙已经瓜分了世界海域，这样的探险是对西班牙和葡萄牙合法权益的侵犯。然而，不论是英国国王亨利七世，还是后来的法国国王弗朗索瓦一世，都不愿把那个世界分界线放在眼里。在没有收到西班牙大使的抗议照会以前，英国国王已经给约翰·卡伯特和卡伯特的三个儿子签发了许可证，批准他们可以向一切地方和地区航行。

谨慎小心的布里斯托尔商人们只装备了一艘不大的航船，只有18人。1497年5月2日，卡伯特率领18名水手，乘坐帆船从布里斯托尔港出发了。由于年代久远，有关约翰·卡伯特向西北方向探险的地图、航海日记以及文字记录都没有保存下来，因此，现代人无法再复原他当年航行的线路。我们只知道，1497年的6月24日，约翰·卡伯特的探险队在一个小岛上登陆了，他和他的船员们踏上了开阔的土地，在那里插上了英国的国旗，还在那里发现了伊奴意特人。后世的历史学家们推测，那个小岛很有可能是圣布雷顿岛。

之后，约翰·卡伯特率领探险队继续前进，他们从圣布雷顿岛继续行驶，最后抵达了纽芬兰的南岸。

卡伯特说他曾考察了500千米的海岸，据考证是不可信的，因为按照他的归期计算，他根本无法办到。但是有一点是可以肯定的——卡伯特是第一位到达北美大陆的欧洲人。而哥伦布是在第二次远航时才发现了北美大陆。

邮票上的约翰·卡伯特

在返回的航途中，卡伯特在他发现的陆地东南方看到了大群鲱鱼和鳕鱼。这样便发现了纽芬兰浅滩，这是世界上鱼类最丰富的海区之一。卡伯特在布里斯托尔宣布，英国人可以不到冰岛沿岸去捕鱼了。然而，早在卡伯特到达那个地方以前，巴斯克人和来自欧洲其他地区的渔民完全有可能到过纽芬兰浅滩，甚至还到过拉布拉多半岛。

卡伯特在布里斯托尔港受到了热烈欢迎，他坚信找到了通往“中国”的航线，而“中国”可是传说中的“香料之国”，这让卡伯特获得了更多的荣誉。所以，卡伯特很快被授命进行新的探险，跟第一次试探性的探险不一样，这一次规模要大得多。

两年后，布里斯托尔组织了对“中国”的第二次探险，任务是在富饶的“中国”建立贸易站。为了进行这次探险，一共装备了5艘（一说6艘）帆船，约翰·卡伯特再次被任命为这个探险队的领导人。

不过，约翰·卡伯特的第二次探险从一开始便是一场灾难。他在登上格陵兰以后，向西航行，进入了巨大冰山南漂的路径。他的手下惊恐失色，发生哗变，卡伯特被迫调头返航。

人们推测，卡伯特是在航行途中去世的，所以探险队的领导权落在了他的儿子塞巴斯蒂昂·卡伯特肩上。卡伯特第二次探险所留下的资料比他的第一次探险更少。人们只知道，在这次探险中，英国船只到达了北美大陆，并沿着它的东部海岸向西南行驶了很远的距离。显然，他们是想寻找人口稠密的中国海岸。水手们经常登上海岸，可是他们在那里遇见的不是中国人，而是身穿兽皮的人(北美印第安人)，这些人既没有黄金，也没有珍珠。由于食物不足，塞巴斯蒂昂·卡伯特决定返航。

在英国人的心目中，第二次探险是得不偿失的。这次探险耗费了大量资金，但是没有任何收益，甚至连一点收益希望也没有带回来，因为这个地区的毛皮财富并没有引起水手们注意。这个新地方是一片布满针叶和阔叶森林的海岸，几乎无人居住，这个地方绝对不可能是中国或印度的海岸。在之后的几十年中，英国人再没有做过沿西部航线前往东亚的像样的尝试。

但是，在这次探险中，船队到达了更南面的地方，可能远至如今美国的马里兰州。这在当时也算是一项了不起的成就。而约翰·卡伯特也因此流芳百世——纽芬兰附近的卡伯特海峡就是以他的名字命名的。

据说，塞巴斯蒂昂·卡伯特在父亲探险精神的鼓励下，继承了父亲的遗志。1508年，他出航寻找通往亚洲的北部航道。他的船队向北航行到了北纬58°，但严寒阻止了他的进一步北上。跟父亲一样，他也没有找到西北方向通往中国的航路。不过，塞巴斯蒂昂做了一件在当时与达·伽马和哥伦布齐名的事情——他绘制了1544年地图。

虽然约翰·卡伯特父子都没有找到通往东方的新航道，但他们的探险精神却激励着一代代的后人，让他们不畏艰险，乘风破浪，向着未知的航向前行。

12 达·伽马开辟东方航线

◇……………

东方，一个神秘而充满诱惑的地域。《马可·波罗游记》将东方描述成了一个个遍地是黄金的富饶国度。从15世纪开始，西方掀起了一股东方热，无数怀揣黄金梦想的航海家们迎风起航，乘风破浪，想要探索一条通往东方诸国的新航路，这其中不乏一些闻名世界、流芳百世的大航海家，比如发现了新大陆的哥伦布，比如约翰·卡伯特。这些人一生都致力于寻找通往东方的航线，甚至为此付出了生命的代价，只可惜，他们最后都无功而返。

15世纪末，一位伟大的航海探险家却做到了这一点，他历经艰险，成功地探索到了通往印度的航路——这个人就是葡萄牙的探险家达·伽马。

达·伽马出身于葡萄牙一个声名显赫的贵族家庭，他的父亲也是一名出色的航海探险家，曾受国王若昂二世的派遣从事开辟通往

达·伽马

亚洲海路的探险活动。他父亲曾怀揣着宏大的抱负，想要找到通往亚洲的海路，只可惜，跟很多前辈一样，他还没完成心愿，就溘然长逝了。达·伽马还有一个哥哥，名叫巴乌尔，他也是一名终生从事航海事业的船长，曾同达·伽马一起参加了1497年的探寻印度的航海活动。

达·伽马的家族可以说是一个航海世家，受父亲的影响，达·伽马从小就对航海充满了兴趣。他在青少年时代便受过专业的航海训练，汲取了丰富的航海知识。

在当时，葡萄牙的国王若昂二世是一个野心勃勃的政治家，他曾几次派遣船队考察和探索一条通向印度的航道。

1486年，若昂二世命令著名探险航海家迪亚士带领一支探险队沿着非洲西海岸航行，期望找寻出一条通往东方的航路。然而，当船队航行到好望角附近的海域时，肆虐的大风暴差点让这支船队葬身海底。无奈之下，迪亚士一行人被迫折回葡萄牙。

迪亚士虽然没有找到通往东方的航路，却让欧洲人发现了非洲最南端的好望角。

几年之后的1492年，哥伦布率领的西班牙船队“南辕北辙”地发现了美洲新大陆，这个爆炸性的消息传遍了西欧。这个发现促使葡萄牙王室加快了探索通往印度航路的航海步伐。当时，富有冒险精神的达·伽马正值年富力强，于是，葡萄牙王室将探索新航路这一重大使命交给了他。

1497年7月8日，达·伽马率领一支由四艘船和140多名水手组成的船队启程了。他们从葡萄牙首都里斯本出发，踏上了探索通往印度新航道的旅程。这次航行，他们遵循的路线是十年前迪亚士航行至好望角的航线。达·伽马一行人历尽千辛万苦，克服了种种困难，在浩瀚的海上足足航行了将近4个月的时间和近8500千米之后，来到了与好望角相邻的圣赫勒章湾，在这里，他们看到了一片陆地。同前辈迪亚士一样，若是船队继续向前，他们将遭遇致命的大风暴，水手们害怕了，不敢再继续航行，还纷纷要求启程返回里斯本。

达·伽马的船

这样的状况与十年前迪亚士的遭遇惊人的吻合，历史会再一次上演吗？达·伽马选择了一条与迪亚士完全不同的路——他顶住了压力，执意向前。他向水手们宣称，不找到印度，他决不罢休！他的坚持感动了水手们，大家顶着随时可能丢掉性命的危险继续向前航行。

功夫不负有心人，圣诞节前夕，达·伽马率领的船队终于成功地穿越了那一片危险区域，绕过好望角驶进了西印度洋的非洲海岸。

1497年圣诞节时，达·伽马的船队看到了一条高耸的海岸线，这里处于南纬31°附近。因为这一天是圣诞节，达·伽马将这一带命名为纳塔尔（现南非共和国的纳塔尔）。在葡萄牙语中，纳塔尔的意思为“圣诞节”。

随后，船队逆着强大的莫桑比克海流北上，来到了非洲中部赞比西河河口。1498年4月1日，船队抵达今肯尼亚港口蒙巴萨，当地酋长自认为这批西方人是他们海上贸易的对手，对他们的态度极为冷淡。然而，当达·伽马船队于4月14日来到马林迪港口抛锚停泊时，却受到马林迪酋长的热情接待。他想与葡萄牙人结成同盟以对付宿敌蒙巴萨酋长，就热情地为达·伽马率领的船队提供了一名理想的导航者——著名的阿拉伯航海家马吉德。马吉德出生于阿拉伯半岛阿曼地区，是当时著名的航海学专家，由他编著的有关西印度洋方面的航海指南至今仍有一定的使用价值。有了马吉德，达·伽马船队如虎添翼，他们于4月24日从马林迪起航，借着印度洋的季风，一帆风顺地横渡了浩瀚的印度洋，于5月20日到达印度南部大商港卡利卡特，前后仅二十多天。值得一提的是，该港口正好是半个多世纪以前，中国著名航海家郑和所经过和停泊的地方。

至此，达·伽马一行人踏上了印度这个香料之国的国土，成功地探索了通往东方的新航路。无数前辈们没有做到的事儿，他做到了！

同年8月29日，达·伽马带着肉桂等香料和五六个印度人率领船队返航，由于一心想回国，他不顾季风风向，执意往西航行，用了130天，过程十分惨烈，到达马林迪时船员已经死了一半以上，剩下的大多得了败血症。离开马林迪前，他在此建立了一座纪念碑，这座纪念碑至今还矗立着（现称之为达·伽马石柱）。1499年9月，他带着剩下的一半船员胜利地回到了里斯本。

在里斯本，达·伽马一行人受到了葡萄牙全国上下的隆重欢迎。在欢迎仪式上，葡萄牙国王高兴地欢呼："我们的香料和珠宝，从此再也不受别人的控制了!"

1502年2月，达·伽马再度率领葡萄牙无敌舰队开始了第二次印度探险。船队驶到坎纳诺尔附近海面上（印度海域）时，达·伽马遇到了一艘由麦加城驶出的阿拉伯商船，在持续了长时间的战斗之后，他下令烧毁了那艘船，将船上几百名乘客，包括妇女儿童全部烧死。为了削减和打击阿拉伯商人在印度半岛上的利益，达·伽马下令卡利卡特城统治者扎莫林驱逐该地阿拉伯人，遭到拒绝后，他命令无敌舰队轰炸这座城市整整两天，然后又在附近海域的一次战斗中，击溃了阿拉伯船队。

1503年2月，达·伽马满载着从印度西南海岸掠夺来的大量价格昂贵的香料，乘着印度洋的东北季风，率领13艘船只返航，同年10月回到了里斯本。据说，达·伽马此次航行掠夺而来的东方珍品如香料、丝绸、宝石等，其所得纯利竟超过第二次航行总费用的60倍以上。

当达·伽马完成了第二次远航印度的使命后，得到了葡萄牙国王的额外赏赐，1519年受封为伯爵。1524年，他被任命为印度副王。1524年4月，达·伽马率领船队第三次远赴印度，9月到达了果阿。不久，达·伽马身染重病，12月，这位伟大的探险航海家死在了科钦，死在了远离家乡千里之外的异土。

达·伽马的一生既是航海家的一生，也是早期殖民者掠夺的一生。他开辟的新航线，开创了欧洲进行殖民掠夺扩张的新时代。

同许许多多的前辈一样，达·伽马也为自己毕生热爱的探险航海事业奉献了一生，他用生命的代价换回了一条通往东方的新航路，并改写了世界探险史。

由于新航路的发现，自16世纪初以来，葡萄牙首都里斯本很快成为西欧的海外贸易中心。在很短的时间里，葡萄牙便积累了大量的财富，成为西欧强国。

13 被斩首的太平洋发现者

15世纪开始，世界探险历史进入大航海时代，西方诸国掀起了一股探寻东方新航道的热潮。大批的探险航海家勇敢地扬帆起航，向未知的东方进发。这其中最为有名的要数大航海家哥伦布了。为了寻找东方这片神奇的地域，他曾数次乘船远航。虽然无意中发现了美洲新大陆，但他的数次航海行动最终都以失败告终。

不仅仅是哥伦布，迪亚士、约翰·卡伯特……无数的探险航海家在探寻东方新航路这条道路上前赴后继，然而，他们却一次又一次地失败了。不少探险航海家都死在了远航的路上。然而，接连的失败并没有毁掉他们的希望。这些勇敢的航海家们仍然怀揣着炙热的东方梦，他们中有的出身于航海世家，身份高贵；有的则是不名一文的平民；还有的则来自社会最底层——巴尔博亚便是这样的一位探险家。

巴尔博亚是一个以脾气暴躁好争论而出名的西班牙人。他曾欠下许多债务，为了逃避债主的纠缠和拳头，这个无赖整天东躲西藏，最后竟然胆大包天地躲藏在一艘开往塞巴斯蒂安的船上。为了上船，这个西班牙人想了一个疯狂的主意，将自己和爱犬藏在一个非常大的桶里。桶被贴上面粉的标签并被装上了船。船一出海后，巴尔博亚就打破了桶盖，在甲板上闲逛。

这可不是闹着玩的，因为巴尔博亚上的船可不是游轮，而是运送远征队的“运兵船”，目的地是塞巴斯蒂安。最初，巴尔博亚是想加入远征队，然后名正言顺地上船领取薪水，然而，他恶名在外，没有被批准加入远征队。

所以，当船长看到巴尔博亚带狗在甲板上闲逛时，简直怒不可遏，扬言要把他扔在最近的一个荒岛上。好在船上有几个人为巴尔博亚说情，还说他是一个很好的剑客，很早的时候就已经到达过巴拿马海岸，他的经验对远征队可能会有所帮助。船长对这些话半信半疑，虽然依然不怎么待见巴尔博亚，却不再执意赶他走了。

当远征队上岸后，发现情况并不乐观，很多西班牙殖民者被使用毒箭的印第安人袭击并杀害。在巴尔博亚的建议下，这群从西班牙来的人收拾了一些物品，转移到了另一个地区，那里的印第安人比较好对付，他们使用猎狗和威胁就把村里居住的所有印第安人都赶跑了。

然而，这些殖民者内部又发生了矛盾，船长是一个职业律师，但他的知识却不能让他很好地管理殖民地。后来，殖民地居民选择巴尔博亚当新领袖，并把船长流放遣返回西班牙。而这个曾经声名狼藉的“坏人”竟然真的脱胎换骨，成了一名能干的管理者以及优秀的探险家。

在征服印第安人的过程中，巴尔博亚表现得很智慧，他并没有正面强攻，而是巧妙地利用各土著部落之间的仇视和敌对情绪，与一部分部落结成同盟来战胜另一部分部落。他的同盟者或者向他提供粮食，或者拨给西班牙人一部分土地并代为耕种，再把敌人的村庄抢劫一空，然后夷为平地，把俘虏来的人出售。正是这种方法，让巴尔博亚取得了巨大的成功。让人觉得不可思议的是，当巴尔博亚武力夺取了印第安人的村庄后，竟然开始平等地对待印第安人，这与其他殖民者大不相同，因此巴尔博亚也赢得了印第安人的忠诚。

巴尔博亚结识了一个印第安酋长，有了这层关系，他经常到这个酋长管理的村庄里做客。酋长有七个儿子，也很热情好客，当巴尔博亚到村庄时，他们摆出了丰盛的酒宴，有装在黄金杯子里的啤酒和葡萄酒，有香喷喷的熏鹿肉。酒宴结束后，酋长还殷勤地请他的客人跟他一起到祖先的灵堂里。

在灵堂里，屋顶悬挂着历届酋长的尸体，尸体已经烘干并戴着金面具，穿着缀满珍珠的漂亮服装。尽管眼前的场景十分恐怖，贪婪的西班牙人却在估算着出现在他们面前的财富的价值。酋长感觉到探险家对黄金的欲望，他明智地提出以黄金饰品作为礼品，这让西班牙人更喜欢这个酋长了。

不过，酋长却很明白，这群西班牙人是贪得无厌的，他们绝不会仅仅满足于自己赠送的黄金。于是，他告诉巴尔博亚，从达连湾向南再走几天路程，那里有一个人口稠密的国家，那个国家尽是金子和珍珠。然而，要征服它需要有强大的力量。这个部落酋长还补充说，从那个国家高高的山顶上能够看见另外一个海洋——大南海，在那个海上航行的船只不比西班牙的船只小。

经过两年的准备，巴尔博亚决定向南海远征。

1513年9月1日，巴尔博亚率领一支探险队出发，离开了阿特拉托河河口，沿大西洋海岸向西北航行，他行驶了大约150千米后登上海岸。他坚信，山的那一边就是欧洲人从未到过的“大南海”。这支探险队由190名西班牙人和1000名充当向导、搬运工和仆人的美洲印第安人组成。

这里到处都是山路，崎岖难行，路上森林密布，西班牙人经常不得不用斧头砍倒树木开路行进。出发一星期后，大部分人已经被赤道的热浪、饥渴、睡眠不足和吸血昆虫折磨得疲惫不堪，憔悴不已。

克服了种种困难，三个星期以后，巴尔博亚终于登上了达连山山顶。放眼望去，确实看到了一个宽阔的（巴拿马）海湾，海湾以外是无边无际的大南海。9月29日，巴尔博亚来到被他命名的圣米格尔港。等到海潮来临时，巴尔博亚已经进入水中，高高举起西班牙国旗，庄严地宣读了公证人起草的证书：“……我已经为卡斯蒂利亚（曾是西班牙历史上的一个王国）国王占领了南部的这些海洋、陆地、海岸、港湾和岛屿，占领了这里的一切……如果某个国王或领袖，某个基督教徒或撒拉逊人对这些陆地和海洋提出主权要求，那么我将以现在和过去的卡斯蒂利亚国王的名义以武力相争，并与其进行战斗。卡斯蒂利亚国王对印度的这些地区拥有主权和统治权。”

巴尔博亚返回达连湾的海岸后，给西班牙送回了一份关于他的伟大发现的报告，同时呈献所得财物的1/5，这些财物是一大堆黄金和200颗精美的宝石。国王立即把对他的愤恨变成了对他的宠爱。

今天的达连湾

巴尔博亚相信，如果能找到与“大南海”沟通的海峡，进入“大南海”，就可以到达盛产香料的东方诸国了。

在巴尔博亚之后，又有不少航海探险家进入了“大南海”，这其中最为著名的一位航海家当属大航海家麦哲伦。麦哲伦是葡萄牙人，却为西班牙王室效忠。

1519年9月20日，麦哲伦从塞维利亚的外港圣卢卡出发，沿圣马提阿斯一路南行。他经过的地方均是以前的航海家们从未到过的地方。经过38天的艰苦航行后，麦哲伦的船队终于穿过了南纬52°处的一个陌生海峡，进入浩瀚无边的“大南海”。而这个狭长弯曲、暗潮汹涌的海峡正是巴尔博亚口中那个通往“大南海”的通道。

这个发现让麦哲伦一行人欣喜若狂，紧接着，麦哲伦船队在壮阔的“大南海”里航行了三个多月。在当时，航海事业是一项异常危险的行业，海面上气候多变，船只随时可能遭遇可怕的大风暴。

然而，在长达三个多月的时间里，麦哲伦的船队竟然没有遇到一次暴风雨，海面上一直风平浪静。因此，“大南海”这个名字逐渐被“太平洋”这个名字所取代，并且一直沿用至今。

麦哲伦终于发现了巴尔博亚口中那个通往“大南海”的通道，这个发现震惊了全世界。然而，巴尔博亚却没法亲眼见证这个历史性的时刻了——1519年1月，一个名叫佩德拉利亚的人妒忌他的成功，陷害了巴尔博亚，设法使他被捕。可怜的巴尔博亚，他以叛国罪受审，并在巴拿马地峡北岸被判处斩首极刑。

巴尔博亚死了，但后人却永远地记住了他。他本是为了逃避债务和罪责，无奈之下才进行大冒险的，没想到却在探险这个行业中取得了惊人的成就！他是继穿越了大西洋之后，见到太平洋的第一个欧洲人，这是真正的天下无双！而他的名字也因此载入史册！

14 寻找“永世青春群岛”

在西班牙人发现新大陆、新海洋的年代里，似乎即使最荒诞的幻想也能变成事实。德·莱昂参加过哥伦布的第二次探险，他在伊斯帕尼奥拉岛（海地岛）发了大财，后来被任命为波多黎各的总督。在其统治下，全岛的经济蒸蒸日上。不久岛上发现了金矿，莱昂强征印第安人作为劳动力，激起了印第安人的反抗，但莱昂以残暴的手段到处屠杀土著人，大部分印第安人逃进深山或逃到附近的岛屿，他也完成了对这个海岛的征服。

正是在这个时候，莱昂从当地居民那里听到了一个有关比米尼岛的神话传说：比米尼岛上有一眼“青春泉”，任何人只要用泉水沐浴，不但能驱除疾病，而且能恢复青春活力。这个神奇的传说让莱昂很感兴趣，他就请求国王，要为西班牙人找到这个神秘岛屿，占领这眼神奇的青春泉，并把这个岛变成殖民地。

今天的比米尼岛

如果放在今天，一国之君是断然不可能同意这个天方夜谭式的提议的，但在地理大发现那个时期，这类幻想般的请求并不足为奇。当西班牙国王斐南迪听了莱昂的话后，这个天主教徒很快就同意了该请求，并给了他一定的拨款。当然，比起哥伦布的探险，莱昂寻求青春泉的举动实在太过不可思议，国王也是抱着试试看的态度，所以只给了莱昂很有限的经费。

这些钱想组织一次出海可不容易，莱昂只得一切从简，他也明白钱要用在刀刃上，就先重金请出了帕洛斯出生的老舵手安东·阿拉米诺斯，此人曾参加过哥伦布的第四次探险，有着丰富的航海经验。为了降低开支，莱昂向人们宣称自己前往的地方是可以让人恢复青春的神奇之地，于是一些年龄大的海员蜂拥而至，有很多人甚至不要报酬，只要能用青春泉的泉水沐浴即可。所以，莱昂船队的船员大约是航海历史上年龄最大的一批。

1513年3月3日，船队离开波多黎各，去寻找奇异的比米尼岛，阿拉米诺斯满怀信心地朝着西北方向的巴哈马群岛驶去。从国王批准把土著人作为奴隶追捕的那一刻起，西班牙人就经常对这个被哥伦布发现的群岛南部岛屿进行袭击。一路上，阿拉米诺斯小心翼翼地引领船队从一个海岛到达另一个海岛，而他们也在所遇到的所有海岛泉水和湖泊中游泳、沐浴，但一直没有发现那眼神奇的青春泉。但多天的一无所获并没有让莱昂放弃此次计划，他下令船队继续向前。他们沿巴哈马群岛的北部岛屿航行了三个星期以后，在3月27日看见了一大块陆地。

莱昂把这块陆地称作佛罗里达，意思是“鲜花盛开的地方”，这个名称完全符合当地的实际情况：它的海岸上覆盖着绚丽多彩的亚热带植物，它又是在基督教“鲜花盛开的”复活节的第一天发现的。因为比米尼岛只是一个传说，谁也没见过该岛，他们沿途看到的岛屿都有可能是“青春岛”。于是，莱昂一行人边航行边在不同的小溪湖泊里沐浴，然而，一直没有找到能使这些老头返老还童和恢复体力的泉水。

佛罗里达

这次失败让莱昂感到非常伤心，他最后一次登上了位于北纬30°的海岸，并以卡斯蒂利亚（曾是西班牙历史上的一个王国，由西班牙西北部的老卡斯蒂利亚和中部的新卡斯蒂利亚组成。它逐渐和周边王国融合，形成了西班牙王国）国王的名义宣布占领了这个“新岛”。

对于西班牙来说，这可是一件了不起的成就，因为这是西班牙在北美大陆上的第一块领地。然而，在这个地区登陆是非常危险的，因为这里的印第安人都很好战，结果这支还没有恢复青春的“海军”被身披兽皮的土著打得落花流水溃不成军。西班牙人不敢再战，灰溜溜地离开了。

莱昂的船队在向南返回时，陷进了迎面而来的海上暖流形成的强大漩涡中，这股暖流流经佛罗里达与巴哈马群岛之间的海面上。当船队到达佛罗里达的南部海角时，迎面而来的暖流很急，以致拔掉了船锚，把一艘船带到海里去了。阿拉米诺斯不愧是一位经验丰富的船长，他沉着应对，费了很大的气力后，终于使这艘船与其他船只合拢在一起，这才逃过了一劫。

这股强大的海上暖流呈现出一片深蓝色，与碧绿的海水形成了鲜明的对比。阿拉米诺斯是第一个研究这股海流的人，他通过观察推断出这股海流会流到西欧海岸。事实上，他的推断完全正确。现在早已证实，这是世界大洋中最强大的暖流，它的规模十分巨大，宽100多千米，深700米，总流量每秒7400万到9300万立方米，流动速度最快时每小时9.5千米，200米深处流动速度约每小时4千米，总流量大约相当于地球上所有河流径流量的20倍。

这股暖流起源于墨西哥湾，经过佛罗里达海峡沿着美国的东部海域与加拿大纽芬兰省向北，最后跨越北大西洋通往北极海。在大约北纬40°西经30°左右的地方，这股暖流分支成两股，北分支跨入欧洲的海域，成为北大西洋暖流，南分支经由西非重新回到赤道。

这股来自热带的暖流可以将北美洲以及西欧等原本冰冷的地区变成温暖而适合居住的地区，把那里变成一个个鸟语花香的“世外桃源”。

于是，在阿拉米诺斯的建议下，船队随着墨西哥湾流回家。在返回途中，莱昂一直坚持寻找那眼神奇的泉水，虽然最终依然没有找到可以让人恢复青春的泉水，但他也不算是空手而返，至少还在巴哈马群岛北面发现了几个新的海岛。

回到波多黎各岛后，莱昂再次派阿拉米诺斯向北航行，企图最后一次找到比米尼岛。阿拉米诺斯返回后带来的消息说，他终于找到了名字叫“比米尼”的岛屿，位置在大巴哈马群岛的西南部，可岛上并没有神奇的“青春泉”。不过，现存的资料中，没有任何证据证明，这些群岛就是阿拉米诺斯在1513年发现的。

次年，莱昂得到了对比米尼岛和佛罗里达完成殖民化的许可。但他迟迟没有前去占领佛罗里达半岛。毕竟，上次他可是被印第安人打得灰头土脸，好不容易才捡了一条命。而且，他手头钱财有限，也无法组织强大的突击队去攻打半岛。一直到1521年，莱昂才勉强拼凑了一支200余人的部队，试图攻占佛罗里达半岛。

然而，莱昂实在高估了自己的实力，也低估了印第安人的抵抗意志。当他的士兵登上海岸后，发现身上涂着白、黑两种颜色的印第安人正全副武装地等待着。结果，海滩上发生了激烈的战斗，西班牙人的枪炮还没有发挥太大作用，就被土著的长矛和弓箭摧毁了。在登陆的时候，莱昂已经损兵折将，200人的部队竟然有一半负伤，而身先士卒鼓舞士气的莱昂也受了伤。

眼看攻击受挫，再拖下去有全军覆没的危险，莱昂不得不再次撤退。莱昂丢盔弃甲、狼狈不堪地撤到了古巴，最终因伤势恶化死在了古巴，而接连受挫也让西班牙不敢再轻易打佛罗里达的主意，他们在很长一段时间里放弃了对佛罗里达的殖民化。

15 麦哲伦环球航行

◇ ……………

“地圆说”是一种认为大地是球形的理论。公元前6世纪，古希腊数学家毕达哥拉斯第一次提出了“地圆说”这一概念。亚里士多德总结出三个科学方法来证明大地是球形的：越往北走，北极星越高；越往南走，北极星越低；南方可以看到一些在北方看不到的新的星星。

大航海时期，已有不少人相信“地圆说”这一学说。而开辟新航路的探险航海家们有很多也坚信着“地圆说”，这个信念支撑着他们乘风破浪，在未知的海域进行着一次又一次神秘而危险的航海活动。这其中就包括发现新大陆的哥伦布、发现太平洋的巴尔博亚等。然而，这些探险航海家的远航都没有绕地球一圈，也就无法直接证明“地圆说”这一概念。

1519年到1522年，葡萄牙人麦哲伦的船队完成了人类历史上第一次环球航行，它以无可辩驳的事实向全人类证明了地球是个圆球。

麦哲伦

有趣的是，麦哲伦是葡萄牙人，但他最终却为西班牙效力。他之所以改变国籍，是因受到了不公平的待遇。约1480年，麦哲伦出生于葡萄牙北部一个没落的骑士家庭。10岁时，他的父亲将他送进王宫服役。1496年，麦哲伦被编入国家航海事务所。1505年，他参加了葡萄牙第一任驻印度总督阿尔梅达的远征队。之后，他曾先后跟随远征队到过东部非洲、印度和马六甲等地探险。这段非凡的经历使他积累了丰富的航海经验，这也为他之后的环球航行打下了坚实的基础。

在印度洋上航行时，麦哲伦了解到，印度的东面还是一片大海。他猜测，大海以东就是美洲，并坚信地球是圆的。就这样，麦哲伦萌发了一个念头：从欧洲向西航行到东方。

麦哲伦曾随一支葡萄牙探险队到了摩洛哥，在与摩尔人的一次战斗中他负了伤，得以返回葡萄牙。因是为国事负伤，麦哲伦申请增加年薪，但遭到拒绝。接着，又听说了有人正在起诉他，指控他违法与敌方进行贸易。这项指控从未证实，但对他的怀疑，使他失去国王的信任。所以，当他向葡萄牙国王曼努埃尔申请组织船队去进行一次环球航行时，遭到了拒绝。曼努埃尔的理由是东方贸易已经得到有效的控制，没有必要再浪费金钱和力气去开辟新航道。麦哲伦却认为这只是一个借口，真正原因是国王不再信任他，也不再听从他的任何建议。

一连串的遭遇让麦哲伦对祖国心灰意冷，环球航行梦无法实施更是让他郁郁寡欢。1517年，37岁的麦哲伦离开了葡萄牙，来到了西班牙。在这里，他遇到了一位强有力的同盟者，博尔果斯的大主教德·方西卡。在方西卡的引见下，麦哲伦于1518年3月见到了西班牙国王查理五世（即卡洛斯一世）。麦哲伦献给国王一个自制的地球仪，并再次提出了进行环球航海的请求。幸运的是，西班牙的国王慧眼识英雄，很快就答应了他的请求。

在查理五世的指令下，麦哲伦组织了一支由五艘船组成的船队，准备出航。该船队以“特里尼达”号为旗舰，另外还有“圣安东尼奥”号、“康塞普逊”号、“维多利亚”号和“圣地亚哥”号。其实，按照现代的标准，这些船真是小得可怜——全部吨位加到一块儿，也比不上今天的一艘拖船。但当时的人认为，使用它们足够航行到前所未知的地区了。

麦哲伦的船队

很快，葡萄牙国王知道了这件事，他害怕麦哲伦的这一次环球航行会让西班牙的海外势力超过葡萄牙，就派了一些奸细混进麦哲伦的船队，并准备伺机破坏，并暗杀麦哲伦。他的这一卑鄙举动也为麦哲伦日后的航行埋下了隐患。

1519年9月20日，麦哲伦的船队起航。麦哲伦率领五艘远洋海船，驶入了大西洋的惊涛骇浪中。船队在茫茫的大西洋中航行了70天，11月29日到达了“新大陆”——南美洲巴西海岸。

当然，麦哲伦探险船队的野心可不止“新大陆”，他们沿着海岸南下，继续航行。直到1520年1月10日，远洋船队来到了一个无边无际的大海湾。望着这个大海湾，船员们欣喜若狂，都以为到了美洲的尽头，可以顺利进入新的大洋。然而，实地调查后他们失望地发现，那只不过是一个河口，即现在乌拉圭的拉普拉塔河。

1520年3月31日，船队到达了一个平静的港湾，麦哲伦把它命名为“圣胡利安港”。此时，船员们已经疲惫不堪，麦哲伦带领船队驶入港湾休整，并决定在这里过冬。

尽管有圣胡利安港的庇护，麦哲伦探险队的这个冬天可并不太平。天寒地冻，食物短缺，船员们的情绪十分低落。叛乱发生了，三个船长联合起来反对麦哲伦，他们拒不服从麦哲伦的指挥，还要求麦哲伦来谈判。其中，有个船长正是葡萄牙派出的奸细。面对危机，麦哲伦临危不乱，他当机立断，派人假装去送一封同意谈判的信，并趁机刺杀了叛乱的船长。

天无绝人之路，不久，麦哲伦在圣胡利安港发现了大量的海鸟、鱼类和淡水，困扰他许久的食物问题终于得到了解决。

1520年5月中旬，为了找到通往太平洋的航线，麦哲伦派出“圣地亚哥”号远洋帆船向南航行，探索航路，但不慎触礁受损。尽管船员都被救了上来，但船只完全报废。所以，当麦哲伦探险船队再次扬帆起航时，只剩下四艘远洋帆船。

8月份，天气转暖，麦哲伦率领四艘远洋帆船继续向南航行。

1520年10月21日，麦哲伦探险船队发现了一个通往太平洋的海峡。海峡两岸峭壁林立，风急浪高。船队冲向海峡，驶入一个比较宽阔的海港，穿过海港向前航行，又发现一个海峡，在海峡外又有一个宽阔的海港。麦哲伦派“圣安东尼奥”号和“康塞普逊”号两艘船只前去探察，希望查明通向“南海”的水道。两艘船只回来的时候带来了令人激动的消息：海湾前面有一条可通往“南海”的峡道。这就是后人所称的麦哲伦海峡。

麦哲伦命令船队沿着麦哲伦海峡航行，然而，此时，疲惫而不安的船员们却不想再继续前行。他们请求麦哲伦返航，把发现海峡的消息带回西班牙，然后再组织新的探险队前来。而且，此时船上的补给也快要用完了，他们的船只也历经风浪，千疮百孔，不能继续向前航行了。不过，好不容易看到希望的麦哲伦怎么会轻易放弃呢？他坚信，眼前的这个海峡就是一条可以通往“南海”，通往印度的水道。他宣布，如果谁再提返航的事儿，就要受到严厉的惩罚。“圣安东尼奥”号的船员们不听从麦哲伦的命令，他们绑了自己的船长，趁夜驾着船朝着东方的西班牙驶去。

现在，麦哲伦的船队只剩下三艘船了，但接二连三的挫折并没有让麦哲伦灰心丧气，他仍然坚持向西航行，进入前所未知的海域。

一段噩梦般的行程开始了——由于海峡十分狭窄弯曲，船队只能在白天沿着弯曲的水路缓缓前行。麦哲伦海峡有近600千米长，两岸耸立着高高的群山，山上覆盖着厚厚的积雪，望上去十分荒凉，在高山之间，三艘小船艰难地向西前进。

经过二十多天的艰苦航行，1520年11月28日，船队终于驶出了群山环绕的麦哲伦海峡，一望无际的“南海”水面映入眼帘。这就是我们所说的太平洋。

绕过南美大陆从而进入太平洋是一个伟大的地理发现，麦哲伦长久以来的梦想终于变成了现实。初步的成功让麦哲伦心生欢喜，同时，他也更加坚定了继续前行，寻找印度新航道的决心，他下令继续前进。

在“南海”航行了100多天，麦哲伦的船队一直没有遭遇到狂风大浪，海面上一直风平浪静，于是，麦哲伦就给“南海”起了个吉祥的名字，叫“太平洋”。

而这时，新的问题又出现了——这广阔的太平洋一望无际，既看不见陆地，也遇不到岛屿，食物缺乏成为了让大家最为头疼的难题。一百多个日日夜夜里，他们没有吃到一点新鲜食物，只用面包干充饥。后来，面包干也吃完了，只能吃点生了虫并已经发臭的面包干碎屑，而且可供饮用的淡水也越来越少。为了活命，他们开始吃船桁上的牛皮。有时，他们甚至还吃下了木头的锯末粉。

1521年3月6日，船队终于到达三个有居民的海岛，这些小岛是马里亚纳群岛中的一些岛屿，岛上土著人皮肤黝黑，身材高大，戴着棕榈叶编成的帽子。热心的岛民们给他们送来了粮食、水果和蔬菜。在惊奇之余，船员们对居民们的热情，无不感到由衷的感激。但由于当地人从未见到过如此壮观的船队，对船上的任何东西都表现出新奇感，于是从船上搬走了一些物品。船员们发觉后，便大声叫嚷起来，把他们当成强盗，还把这个岛屿改名为“强盗岛”。当这些岛民偷走系在船尾的一只救生小艇后，麦哲伦生气了，他带领一队武装人员登上海岸，开枪打死了7个土著人，放火烧毁了几十间茅屋和几十条小船。这段经历，在麦哲伦的航行日记上留下了不光彩的一页。

"强盗岛"上有大量野生水果和淡水，周围的海域盛产各种鱼类。对饥饿而疲劳的水手们而言，这里简直就是天堂啊！在这里，他们得到了充分的休息，还补给了大量的食物和淡水。

休整完毕后，船队继续前进。1521年3月16日，麦哲伦船队抵达菲律宾。这时，麦哲伦已经与之前自己从欧洲向东航行的路线"接轨"了，也证实了他的猜测——地球是一个圆球体。

1521年4月7日，麦哲伦船队在菲律宾的中心地带——宿务抛锚停泊。麦哲伦在这里遇到了一些亚洲商人，他知道，自己的目标就要实现了。宿务有大量的香料，麦哲伦开始同当地的商人进行贸易，同时，他还在当地进行了基督教的传播，让当地居民皈依基督教。不久，国王和大臣们全都信奉了基督教，并承认西班牙国王为他们的领主。

可是，宿务的附近有个麦克坦岛，岛上的居民不愿意与欧洲人做生意，也不接受欧洲人传播的基督教。麦哲伦听说宿务国王计划攻打该岛，就要求带领自己的人以国王的名义参加战斗，作战计划得到了水手们的一致响应。

这应该是麦哲伦一生中所做过的最为错误的决定，为此，他付出了惨烈的代价——1521年4月27日，当他率领48个水手登上麦克坦岛后，岛上的居民集合了1500人来对抗。麦哲伦寡不敌众，只能下令撤离，而敌人紧追不舍。撤退中，麦哲伦落在后面，成了众人的攻击对象。于是，在这一次武装争端中，这个世界上最伟大的探险家就这样毫无意义地死掉了。

幸存的人爬上了船，逃了回去。麦哲伦虽然死了，但他的环球航行仍然在继续——余下的水手们选出了新的指挥官，驾驶着三艘船驶往马鲁古群岛。

1521年7月，余下的水手决定烧掉"康塞普逊"号，因为剩下的水手已经不多，无法再同时驾驶三艘船。之后，大家驾驶着“特里尼达”号和“维多利亚”号继续驶往富饶的印度。

1521年11月8日，他们在马鲁古群岛的蒂多雷小岛一个香料市场抛锚停泊。在那里他们以廉价的物品换取了大批香料，如丁香、豆蔻、肉桂等，堆满了船舱。后来，在回家的途中，“特里尼达”号被怀恨在心的葡萄牙人捕获，船上大部分水手都死了。

现在，五艘船之中，只剩下了“维多利亚”号。1522年5月20日，新船长带领“维多利亚”号绕过了非洲南端的好望角，欧洲已经胜利在望了。在这段航程中，船员只剩35人了。后来到了非洲西海岸外面的佛得角群岛，他们把一包丁香带上岸去换取食物，被葡萄牙海盗发现，又被捉去13人，只留下22人。

1522年9月6日，“维多利亚”号返抵西班牙，在塞维利亚港抛下了锚。三年前随同麦哲伦出发航海的230名船员中，只有18人侥幸活了下来。但对于西班牙来说，这仍是一个值得骄傲和铭记的时刻——这是人类历史上的第一次环球航行，它证明了“地圆说”这一地理观念的正确性。正是有了麦哲伦以及他的坚持不懈，这次历经了千辛万苦的环球航行终于取得了成功。

虽然麦哲伦在航海途中就已经去世了，但他还是被公认为是世界上第一个环绕地球一周的人。在人类探险航海的历史上，没有哪一个人的声望能高过他。他完成了哥伦布想要做的事，他从西方航行到了印度，并以此证明了地球是圆的。

他所经过的那个海峡至今仍被人们称作麦哲伦海峡，他是从东向西第一个横穿太平洋的人。正是在这片广阔的海洋上，麦哲伦翻开了人类航海历史的新篇章。

16 科尔特斯入侵墨西哥

◇

发现佛罗里达后过了几年，驻守在古巴的西班牙士兵闲来无事，组成了一个小队，决定出海去碰碰运气，去找寻和发现他们能够找到并供自己使用的新领地。这支由三艘船组成的小队在哥尔多巴的带领下出海了，他们在人所不知的大海上摸索着向西行前进着，十几天后，看到了陆地，这就是尤卡坦半岛。

在那里，西班牙人看到了神庙和寺院，那里面有许多黄金和石头建筑。“黄金国”的传说不胫而走，传遍了整个安的列斯群岛地区，一直传到了西班牙。越来越多的欧洲探险航海家开始投身于前往美洲大陆的热潮。科尔特斯便是这样的一位探险家。

1485年，科尔特斯出身于西班牙西部的一个贵族之家。哥伦布发现美洲大陆那年，他才7岁。10年之后，美洲大陆的财富传奇已经在他心里深深地扎根了。那时候，他还在大学研习法律。但对于

科尔特斯

探险的热爱和对财富的追求促使他做了一个重大决定——弃学回家，从军并出国探索新大陆。

1504年，年仅19岁的科尔特斯便跟随西班牙军队漂洋过海去美洲“打工”。这之后的十几年时间里，科尔特斯都在西印度群岛的西班牙殖民机构中工作。这段宝贵的经历让他积累了丰富的探险航海知识，也让他获得了不少实战经验。

最初，科尔特斯在海地做书记员，后来，作为总督迭戈·贝拉斯克斯的秘书，他随军征伐古巴，因作战有功而被任命为一个新建小城的城主。

1519年，巴西总督贝拉斯克斯派科尔特斯去墨西哥探险。与其说是探险，不如说是探明那里的情况，并尽可能多地带回当地的黄金。而且，当地土著已经见识到了殖民者的残忍，已经开始了有组织的抵抗，科尔特斯明白探险队必须要有能力保护自己。

科尔特斯不仅有胆识，而且很有头脑，他先是用自己的财产作为抵押从高利贷者手中取得了一大笔现金和货物，接着开始招募士兵。为了笼络人心，他答应给每个士兵一个带有墨西哥农奴的庄园。在“高薪”的诱惑下，他成功地招募到了508个人，他还弄到了几门大炮和16匹马。值得一提的是，当时的墨西哥土著还没有见过这种“可怕”的牲畜，有马参战，势必会给对方造成巨大的心理震慑。

科尔特斯一下就招募了508人，这让总督大感震惊，要知道，在当时海员可是高危行业，一般人都不愿意在海上出生入死。

这年，科尔特斯34岁，年富力强的他率领11艘船、508名步兵、109名水手，约200名古巴印第安人（总计约千人的杂牌军）和16匹战马、10门大炮出发了。他们一路西行，从古巴驶入了墨西哥湾。

科尔特斯是一位出色的探险家，同时，他也是一位野心勃勃的殖民者。当时，阿兹特克帝国流传着“宝藏”传说，受到巨额财富的诱惑，科尔特斯率领部队向阿兹特克帝国进发。

在墨西哥人面前，西班牙人占有明显的优势：他们有火器、铁制的盔甲和战马。但是他们的人数却很少，如果直接征服，西班牙人显然没有胜算。科尔特斯深知这一点，就尽可能地增加自己的力量，他使用许愿、收买和恫吓等手段把被阿兹特克人压迫的首领们——周围的部落头目们争取到自己这方面来，这些部落的头目们给西班牙人提供了数千名士兵和搬运夫。

西班牙人内部很快产生了意见分歧，一部分由古巴种植园扶持起来的贵族出身的士兵要求返回古巴。这时，科尔特斯像西楚霸王项羽那样下令捣毁了全部船只，迫使那些不坚定的士兵无法行动。科尔特斯还下令把捣毁的船上的武器分发给水兵们，这样一来，进攻的部队的实力就得到了加强，增加了数十个人和一些从船上拆下来的大炮。

1519年11月，科尔特斯率领的西班牙军队到达了阿兹特克帝国的首都特诺奇蒂特兰。阿兹特克皇帝蒙特苏马二世在西班牙人的利炮前屈服了，打开城门，欢迎科尔特斯他们入城。

起初，科尔特斯一行人和当地人相处得还比较融洽。但是好景不长，特诺奇蒂特兰的金银和财富引起了科尔特斯一行人的觊觎，他们和阿兹特克人之间的矛盾持续升级。1520年6月末，矛盾终于演化成了战争，结果，科尔特斯一行人寡不敌众惨遭失败。6月30

日，遭受围剿的科尔特斯带领他的军队弃城逃往塔库巴。在逃亡的过程中，很多人或溺死或被阿兹特克人虏获。黎明时分，科尔特斯整顿剩余军力，终于成功逃往特拉斯卡拉。

科尔特斯的军队损失惨重，因此，这一夜也被称作“悲痛之夜”。不过，虽然伤痕累累、筋疲力尽，但科尔特斯和他的部下还是成功地逃了出来。与此同时，阿兹特克统治者下定决心，要彻底消灭科尔特斯的西班牙部队，以绝后患。

从特诺奇蒂特兰撤退两周后，科尔特斯和他的残余军队到达了奥图巴山谷的平原地带。此时，他们已经是强弩之末了，但残酷的战争仍未结束——一支人数超过两万的阿兹特克大军早已埋伏在山谷里，严阵以待。这使得科尔特斯一行人惊恐万分。此时，因为缺乏饮食补给和长时间的逃亡，他们已经是病困交加、疲惫不堪。

然而，面对敌人压倒性的兵力优势，科尔特斯并没有绝望。丰富的作战经验告诉他，唯有严明的纪律和精良的装备可以帮助他们以少胜多，以不足一千人的兵力打败敌人的两万大军。

通过勘查，科尔特斯发现了敌方一个很大的破绽：在选择战场时，阿兹特克人犯下了一个致命的错误，他们把战场选在了平坦宽阔，一览无余的平原。科尔特斯心中燃起了希望，他手下的西班牙骑士们最擅长的便是平原作战。

很快，科尔特斯手下的西班牙骑士们全副武装、骑着高头大马朝阿兹特克人冲去。而此前，阿兹特克人从未与骑兵交战过，他们完全没有意识到骑兵的强大冲锋威力和杀伤力。他们本应该在森林中发起进攻，以削弱西班牙骑士的冲锋优势。然而，阴差阳错之下，他们却把平原作为战场，这是西班牙骑士驰骋战场的有利地形。

激战开始了，阿兹特克人完全没有想到，本来是一场轻松获胜的伏击战，竟然会变成一场毁灭性的大屠杀。科尔特斯不愧是作战好手，他懂得擒贼先擒王的道理。当他认出阿兹特克统帅的标志时，便立刻带领最精锐的骑兵部队猛扑上去。而人数众多的阿兹特克部队根本无法阻挡飞驰而来的骑兵，纷纷被撞倒在地。科尔特斯一行人势如破竹，他们几乎不费吹灰之力便将阿兹特克的主帅当场斩杀。

主帅阵亡后，阿兹特克人群龙无首，军心涣散，溃不成军，而西班牙军队则愈战愈勇，气势如虹。战争呈现出一边倒的局势——西班牙军队大开杀戒，而阿兹特克人只能惊慌逃窜。这场被称作奥图巴战役的战斗中，科尔特斯的军队获得了压倒性的胜利，他们一共击杀了超过两万名阿兹特克战士。

对于科尔特斯和他的军队而言，奥图巴战役的胜利是一个巨大的转折点。最终，科尔特斯带领他的军队成功到达了特拉斯卡拉，并以此为据点休养生息。而阿兹特克人则损失了众多优秀的战士，国力大为衰弱。

而在这之后，恐怖的天花在整个阿兹特克帝国蔓延，人口大量死亡，阿兹特克帝国气数已尽。

1521年8月，科尔特斯和他的部下攻占了特诺奇提特兰城，阿兹特克帝国彻底毁灭。大获全胜的科尔特斯继续在墨西哥探险，并在那里建立了西班牙人的殖民地。

值得一提的是，科尔特斯在墨西哥还四处探险，无意中发现了当地人的一种食物，这种食物含可可，味道又苦又辣。1528年，科尔特斯把这种食物带回西班牙，献给当时的国王，使欧洲人视它为迷药，掀起一股狂潮。后来，西班牙人将这种食物磨成粉再加入香料、蔗汁，做成了香甜的饮料。到了1875年，一位名叫彼得的瑞士人别出心裁，在上述饮料中再掺入一些牛奶，世界上就多了一种美食——巧克力。

1535年，科尔特斯离家远行，再次带领一支探险队进入如今的加利福尼亚地区。但是，探险队遭遇了恶劣的天气，只得被迫返回。

1540年，科尔特斯回到了祖国西班牙。几年后，他在塞维尔去世了。

科尔特斯的一生是殖民者的一生，也是探险家的一生，他野心勃勃，抱负远大。不过，虽然是一名殖民者，但与受到人们普遍仇视的弗朗西斯科·皮萨罗不同，他与墨西哥的许多印第安人相处甚好，不对他们施行苛政、暴政。

晚年，科尔特斯曾在遗嘱中声明，他不能肯定西班牙在占有印第安奴隶这件事从人文主义上讲是否正确，殖民者身份让他局促不安，他也为那些死在殖民战争中的无辜者感到悲哀，他还要求他的儿子对此加以认真的思考。

在他的那个时代，这种反省的态度是极为罕见的。人们简直难以想象，一个出色的殖民者会为他曾经的殖民行为烦恼和自责。也正因为如此，在人们的心目中，科尔特斯是所有西班牙的征服者当中是最为正直的一个。

17 加略岛十三勇士

◇ ……………

15世纪末，探险航海家哥伦布发现了美洲新大陆。新大陆的发现开辟了一条新的世界性航线，大航海时代随之到来。西方诸国开始将目光投向富饶而神秘的新大陆，各国的领导者纷纷派遣探险航海家前往美洲大陆，并通过武力的形式在当地建立殖民地，以掠夺当地大量的宝贵资源，并占有当地的奴隶。

这是一种十分野蛮而残忍的殖民行为，然而，这种行为却也推动了人类历史的进程。在当时的诸多殖民者中，最著名的殖民者当属科尔特斯，他毁灭了整个阿兹特克帝国，征服了墨西哥，而历史上唯一一位能与他齐名的殖民者是皮萨罗。在美国学者麦克·哈特所著的《影响人类历史进程的100名人排行榜》中，皮萨罗名列第62位，而科尔特斯名列第63位。

1475年，弗朗西斯科·皮萨罗出生于西班牙。他大字不识，却野心勃勃。同科尔特斯一样，他被财富吸引，从青年时代开始，便到了美洲新大陆。

1502年到1509年，整整七年时间，皮萨罗都生活在加勒比海的海地岛（现在是多米尼加的领土）。

1513年，皮萨罗加入了由巴尔博亚领导的探险队，参加了寻找太平洋的辛苦探险，从巴尔博亚身上，皮萨罗学到了很多探险、航海知识，也学到了为人的果断和残酷。

弗朗西斯科·皮萨罗

1519年，西班牙人在美洲大陆上修建了一个城市——巴拿马城，这是西班牙人在太平洋东岸上的第一个据点。而皮萨罗就住在巴拿马城里。后来，科尔特斯征服墨西哥攫取巨额财富的消息传到了巴拿马城，这让皮萨罗心潮澎湃起来。他想既然北部确实存在一个十分富有的国家，那么南部也一定会有另外一个富有的国家，而那时恰好有着印加帝国的传说，传说在美洲大陆南部，有一个盛产黄金的国度——印加帝国。于是，皮萨罗就萌生了一个想法：带一支探险队出海，去遥远的南美洲征服盛产黄金的印加帝国。

然而，要发现和占领这个国家，必须要有大量的资金。而皮萨罗并不具有这么多的资金，他请求巴拿马总督阿维拉，但总督只是口头上支持皮萨罗的探险，对探险活动的费用分文不出。结果，皮萨罗费了九牛二虎之力才勉强招募了100多个士兵，装备了两艘不大的船。

1524年，皮萨罗、强盗阿尔马格罗和恶棍神甫卢克起程了，向秘鲁海岸进行了首次航行，但是他们只航行到北纬4°处，探索了巴拿马湾以南约400千米长的海岸线，到达圣胡安河河口，根本没有见着印加帝国的影子，就由于食品欠缺，不得不双手空空地返回巴拿马。

1526年，皮萨罗和阿尔马格罗重新组织了一支160人的探险队伍，开始进行第二次远征。在厄瓜多尔登陆后，探险队与数不清的当地印第安人发生了激战。探险队寡不敌众，在战斗中，阿尔马格罗还瞎了一只眼睛。皮萨罗知道，100多人的探险队无法与当地人抗衡，要取得战斗的胜利，就必须得到巴拿马殖民者援军的支持。于是，他派阿尔马格罗火速返回巴拿马，去请求支援。

天不遂人愿，此时，巴拿马的总督已经换成了里奥斯。这位新的督军根本不相信皮萨罗的大胆计划，他扣留了阿尔马格罗，还派出使者，要召回皮萨罗，强行命令他放弃征服事业。

这对皮萨罗来说无疑是一个巨大的打击，在绝望之际，皮萨罗并没有放弃自己的远大抱负，他让手下进行选择，要么回巴拿马去，要么留下来，跟他一起继续作战。大部分人都放弃了，但还是有13个勇士决定追随皮萨罗，一起去南方探险。在历史上，他们被称为“加略岛十三勇士”。他们是一群探险者，也是一群不甘平庸、敢于拼搏的探险家。

1528年，皮萨罗辗转回到了西班牙。1529年，在好友科尔特斯的帮助下，他的殖民征服计划得到了西班牙国王查尔斯五世的大力支持。查尔斯五世授权他代表西班牙征服秘鲁，并提供给了他足够的经费。

这是皮萨罗人生中的一个重大转折点，之后，他被任命为瓜亚基尔湾以南殖民地的督军，阿尔马格罗被任命为秘鲁城市通贝斯城的司令，神甫卢克则成了通贝斯城的主教。而当初誓死追随皮萨罗的“加略岛十三勇士”则全部被授予了世袭的骑士称号。皮萨罗一行人终于苦尽甘来。

1531年，已经56岁的皮萨罗带领一支不足200人的队伍从巴拿马起航，前去征服人口约为600万的印加帝国。在当时的很多人看来，这无异于是天方夜谭，痴人说梦。

皮萨罗和他的探险队用了一年时间才到达秘鲁海岸。1532年9月，他带领177人和62匹马向秘鲁内陆挺进。

1532年11月15日，皮萨罗一行人到达卡哈马卡城。次日，他以“和平贸易”为借口，请求与国王阿塔瓦尔帕见面，并要求对方只能带五千非武装的士兵。阿塔瓦尔帕知道他来者不善，不敢怠慢，便亲自带领八万士兵，到达卡哈马卡城与他见面。

双方会面时，皮萨罗把大部分精锐兵力藏在帐篷里，他自己只带着几十人现身；而阿塔瓦尔帕严阵以待，他命令手下的士兵们排出战斗队形，他坐在大轿上指挥。大轿前有一万士兵开路，后有七万士兵压阵，看上去蔚为壮观。

皮萨罗派人送上《圣经》，要求阿塔瓦尔帕臣服于上帝及西班牙国王，这样的挑衅让阿塔瓦尔帕大发雷霆，当下，他就把《圣经》摔到了地上。这一下，“和平谈判”结束了，皮萨罗一声令下，几十名潜伏的步兵从帐篷里冲出来，朝阿塔瓦尔帕举枪发射。几十名全副武装的骑兵也同时向前冲，直扑印加军。在骑兵的冲击下，印加的这一万前锋，竟然溃不成军。而且，曾经跟巴尔博亚出生入死的皮萨罗明白擒贼先擒王的道理，就下令不惜一切代价先擒获印加国王。很快，阿塔瓦尔帕被生擒。见主帅被擒，印加的七万大军群龙无首，陷入了溃乱，西班牙军大获全胜。在这场以少胜多的战争中，印第安人有几千人被杀，西班牙这方却没有一人阵亡。

当时，印加帝国实行的是中央集权，所有权力都集中在印加国王身上，国王是神的代表。当国王成了战俘后，印第安人的帝国实际上已经土崩瓦解。

为了活命，阿塔瓦尔帕付给皮萨罗价值约2800万美元的金银财宝作为赎金。然而，几个月后，皮萨罗却背信弃义，将他处死了——皮萨罗想要在秘鲁建立西班牙的殖民地，想要保持殖民地稳定，阿塔瓦尔帕必须得死。

1533年，皮萨罗的军队进入了印加首都库斯科。至此，皮萨罗已经完成了对秘鲁全境的征服。他将从厄瓜多尔穿过安第斯山脉直到玻利维亚的大片疆土都划归到了西班牙名下。之后，皮萨罗选了一个新的印加王当傀儡国王。1535年，他建立了利马城，作为秘鲁的新首都。

印加帝国古城遗址

好景不长，一年之后，皮萨罗为他残酷的殖民行为付出了惨痛的代价——傀儡印加国王出逃，并率领一支印第安起义军反抗西班牙人的统治，曾经不可一世的西班牙军队一度被围困在利马和库斯科。次年，西班牙的援军赶来，凭着武器上的绝对优势，西班牙才恢复对秘鲁的控制。

1537年，皮萨罗和下属们瓜分了从印加人那儿劫来的大量金银。因为分赃不均，昔日的朋友阿尔马格罗公然反叛，他联合了一些皮萨罗的下属进攻皮萨罗，却并未获得成功，最后还被皮萨罗俘虏并处死。

然而，这件事却为皮萨罗埋下了祸患的种子——1541年，阿尔马格罗的追随者攻入皮萨罗的宫殿，杀死了66岁的皮萨罗。这位西班牙最为成功的征服者之一便这样离开了人世。

作为一位探险航海家，皮萨罗勇敢、坚毅、机敏；而另一方面，作为一名野心勃勃的殖民征服者，他又十分贪婪、冷酷、奸诈。他只用一百多人便击败美洲八万秘鲁大军使印加帝国灭亡，创造了以少胜多的神话。他是西班牙征服印加帝国的最大功臣，也是唯一能和殖民者科尔特斯齐名的征服者。

一直以来，皮萨罗野蛮的殖民行为都饱受世人诟病，不少人都义正词严地谴责这个胆大妄为、臭名昭著的恶棍。然而，从人类历史发展的进程来看，皮萨罗的殖民行为却影响并推动了历史进程。皮萨罗统治的地域包括今天的秘鲁、厄瓜多尔的大部分地区、智利北部和玻利维亚的一部分，这些地区的人口众多。皮萨罗对这些地方的殖民，使西班牙的宗教和文化传播到了整个南美洲。此后，欧洲的语言、宗教和文化一直主宰着南美洲。

18 寻找传说中的“黄金国”

◇

在美洲大陆上，西班牙殖民者经常听到“印第安镀金人”的传说，传说这些镀金人生活在一个遍地黄金和宝石的国家。每天早晨，镀金人把细小的金粒如同粉一样地擦到自己身上。到了傍晚，他们又洗去身上的金粒，这些金粒沉落在一个圣湖的水底。尽管这个传说看上去荒诞无稽，但镀金人并非一个幻想，而是起源于印第安部落中真实的宗教礼仪。

像其他数百个幻想发财致富的探险家一样，迪耶科·奥尔达斯醉心于发现“黄金国”。他头脑灵活，同时也渴望像哥伦布那样名垂青史。后来，终于得到了西班牙国王查理一世的批准，前往南美大陆的东北地区，把它变成自己的殖民地。

1531年，奥尔达斯率领几艘船前往亚马孙河的河口。他们登上海岸后就开始抢掠印第安人的村庄，他们在当地人的农舍里时常能找到一些透明的绿色石块。这些精美的绿色宝石让西班牙人欣喜若狂，而据当地人讲，沿河向上游走几天时间，就可以看到河岸边耸立着一段高大的石崖，而这段石崖全是这种“宝石”。奥尔达斯派船队沿这条大河向上游行驶，但途中遭遇了强烈的风暴，结果船队被吹得七零八落，船只几乎全部沉没了。船员们费了九牛二虎之力才爬上两只小船，得以生存。

这场横祸让奥尔达斯改变了主意，他最终放弃了寻找绿色宝石石崖的活动，驾船出海，转往西北方向，以便航行到离西班牙最近的一块殖民地去。他沿着海岸向前航行，到达了一个地方：梅塔。可惜由于携带的给养不足和士兵们身染疾病，被迫退了回来。

对奥尔达斯本人来说，这次探险是痛心和失望的，因为他所发现的梅塔是一个地域辽阔但几乎无人居住的地方。不过，奥尔达斯探险的地理成果十分伟大。他证明了从大陆西部高原奔流而下的这些大河最终向东流入大西洋，还发现了这些河流经的广阔平坦地区——利亚诺斯草原。亲身经历让他坚信，奥里诺科河以及众多支流构成了一个纵横交错的内陆航道水系，这些航道使人们能够深入到南美大陆的腹地。

1533年至1534年间，为了寻找镀金人，另一位探险者出发了。这位探险者率领探险队乘木筏从奥里诺科河口一直行驶到梅塔河的中游，这位探险者便是埃雷拉。在梅塔河里行进过程中，埃雷拉他们遭遇了好战的部落，结果，这些“孤军深入”的探险队损失了大部分人员，连船长埃雷拉也死于非命。1535年，这群失去了船长的西班牙人双手空空地返回海上。

奥尔达斯和埃雷拉的探险从经济方面讲是得不偿失的，不过也取得了很多奥里诺科河流域的第一手资料，所以，后来这一地域成了西班牙的殖民地。

佛罗伦萨的银行家美第奇家族，以及意大利和西班牙的高利贷者很早以前已经参加了对海外岛屿和新大陆征服探险活动的财政资助。1529年，银行家的代理人阿尔菲根尔率领一支部队在委内瑞拉湾东岸的科罗堡登岸，这支部队全由德国雇佣军组成，他们对周围所有村庄进行沿户抢掠，严刑拷打印第安人，强迫他们交出全部黄金和贵重物品。不仅如此，他还把不服从他的命令的土著人变成奴隶，并标出价钱在科罗的市场上出卖，还残忍地把卖不上价钱的老人、小孩和病人一律处死。正因为这些令人发指的行为，阿尔菲根尔得到了一个不光彩的绰号——“最残暴的人”。

后来，由于阿尔菲根尔“声名远扬”，他在向西行走的道路上所遇到的都是空无人烟的村庄，因为居民们全都离开村庄逃走了。这让他一次次无功而返，最后被迫折回东方，回到他已经践踏过的地区。

饥饿的印第安奴隶们驮着沉重的物品，在这条死亡线上成千成千地倒下去了，阿尔菲根尔的雇佣军——德国人同样因疾病、饥饿而减员了不少。为了寻找黄金，这个征服者东奔西跑，在马拉开波湖与马格达莱纳河之间不停地迂回。

这位“最残暴的人”把这个地区毁坏达三年之久。银行家们收到了阿尔菲根尔贩卖奴隶得来的财物，却没有给他送去任何像样的援助。结果，三年后，由于饥饿和疾病，德国雇佣军的人数大大减少，这时“猎人”变成了被猎获的禽兽，阿尔菲根尔残存的部队在科罗西南约600千米的地方被印第安人包围了，最后被全部消灭。

直到1526年，西班牙人才在加勒比海的南部沿岸地区牢固地站稳了脚跟，这时，他们在马格达莱纳河口以东80千米的地方建造了一座沿海要塞——圣玛尔塔，这座要塞成了西班牙人向马格达莱纳河流域上游和安第斯山区进军的基地。

在最初的数年里，一些小股部队只敢对邻近的山区和沿海地区进行较短距离的出击。1533年，彼得罗·埃雷迪亚开始占领马格达莱纳河左岸下游地区。他率领一支部队在圣玛尔塔西南200千米的地方登陆，并在那里建了卡塔赫纳城，该城在与外部世界的商业联系中很快发挥了重大作用。经过数次战斗之后，埃雷迪亚打败了沿岸的印第安部落，并向南推进，在卡塔赫纳城以南150千米处发现了西努河谷地，那里居住着大量穆依斯克人。

“印第安镀金人”的传说正是源于穆依斯克人的宗教仪式——穆依斯克人敬奉许多自然现象，尤其敬拜太阳和水：对太阳的贡品主要是金砂和金制的器皿，他们也把这些贡品献给水神。其中有个隆重的仪式是祭司们给新选出的领袖脱去衣服，给他全身涂上了拌油的泥，然后从头到脚抹上黄金粉末。此后，“黄金人”走到木排上，驶到湖的中心，把木排上的全部珍贵贡品抛入水中，献给水神。

印第安金人（油画）

穆依斯克人的庙宇里有很多珍贵的宝石和黄金制品，他们古墓里的珍宝则更多。在一次远征中，埃雷迪亚在西努河谷地以东相毗邻的山里发现了一连串古墓，从这些古墓中挖出的珍贵宝石和物品数量极大，以致埃雷迪亚的150名士兵个个都一夜暴富。一些历史学家认为，这个地区的古墓为西班牙提供了为数最多的财富。为了巩固这个宝地，埃雷迪亚重修了奥赫达在阿特拉托河口建造的圣塞瓦斯蒂安要塞。

埃雷迪亚从这个要塞出发，向南和东南进行了多次袭击，直到把这个地区的印第安人和当地的古墓抢光盗净。

埃雷迪亚手下有一个军官是葡萄牙人，此人名叫胡安·塞萨尔。他对黄金之国有着极度的向往，就率领了几十名士兵去寻找“黄金国”。他在沼泽地的森林中寻找了九个多月，找到了一条盛产黄金的大河——考卡河。这是南美最重要的产金地区，这里在后来的四个世纪中向世界提供了大约150万千克黄金。不过，绝大部分黄金都落入了殖民者之手。

驻守在圣玛尔塔的冈萨劳·恺撒达也对寻找“黄金国”表现了很大的积极性。起初，他领导了几支不大的探险队向南挺进，沿马格达莱纳河河谷朝上游走去。由于陆路行走困难，他们决定乘船沿河航行。要知道，马格达莱纳河的长度约1600千米，比莱茵河长得多，且水量也比莱茵河大得多，这条河的绝大部分河道可以通航，甚至许多支流也可以通航。

1536年，当恺撒达沿河行进到它的上游时，遇到了一艘土著人的船，船上载着食盐和棉布，棉布质地结实，图案精巧。恺撒达确信附近有一个高度文明的国家，就沿那艘船航行的河流进行跟踪，发现了昆迪纳马卡高原。当时，这个高原上有200万居民，到处是玉米田和马铃薯地。穆依斯克人庙宇具有原始建筑的风格，但是外层包着金片，这一切给西班牙人留下了深刻的印象。除了黄金外，穆依斯克人不会开采和冶炼其他任何金属。全国的河流都盛产黄金，庙宇里有许多黄金，被埋葬有身上涂满香膏的尸体的陵墓里藏着许多珍宝和金制的神像。

马格达莱纳河

“黄金之国”被找到了，恺撒达欣喜若狂，他即刻展开对昆迪纳马卡高原的占领。不过，因为当地人口众多，直到1538年初，恺撒达才在这个地区站住脚跟。但是就在这个时候，有两个新的竞争者来到了，一个是尼古拉·费德曼，另一个是皮萨罗的战友——赤道附近整个安第斯山区的占领者彼拉尔卡萨尔。

这样一来，在穆依斯克人居住的地区有三支部队：两支由恺撒达和彼拉尔卡萨尔指挥的西班牙军队，一支由费德曼指挥的德国军队。这三支部队的人数完全相等，每支部队有160个士兵、一个神甫和一个修道士。但是他们来自不同的地区，在远征中抢掠了不同的部族，所以他们的穿着不大相同。彼拉尔卡萨尔的人员来自南部的秘鲁，是一些最富有的人，他们穿着丝绸和呢绒；恺撒达的人员来自加勒比海的北部，他们较为贫穷，穿的是土布衣衫；费德曼的士兵最穷，他们来自东部奥里诺科河几乎无人居住的荒原，他们只好用兽皮遮掩着憔悴的身体。

三支部队的营地设在波哥大平原上，形成一个三角形，并互相威胁。但是，这场反对印第安人的战争并没有演变成征服者之间的争斗，因为他们达成了一项妥协协议。为了自身和德国人的利益，费德曼同意接受一笔赎金，放弃了对昆迪纳马卡高原的占领。

西班牙人在这个不仅盛产黄金而且盛产绿宝石和食盐的中央高原地区巩固了自己的统治，他们轻而易举地支配着北安第斯山脉的其他地区。恺撒达把大批黄金和绿宝石用船只运回西班牙，但是他的劲敌们却散布谣言，说他私藏了一部分财产。按当时的规定，每位探险者要给国王1/5的提成。所以，恺撒达没有被任命为新总督，甚至被禁止离开那里，直到1549年才获准回国。

恺撒达一直都没有放弃寻找真正的“黄金国”，这也是每一个有成就探险家的共性——固执。在16世纪60年代，为了寻找“黄金国”，恺撒达对奥里诺科河流域至少进行过两次远征。1569年，年近70高龄的恺撒达还率领300名西班牙士兵和500名印第安人对奥里诺科河流域进行了最后一次远征，这次远征一直持续到了1572年。在这次历时三年的探险过程中，他所带领的印第安人不是死亡便是逃散，西班牙人同伴也几乎全部死亡，恺撒达没有找到任何珍贵的东西，一无所获地返回来了。

至此，西班牙人追逐“黄金国”的行动告一段落。

19 远涉亚马孙河

◇ ……………

世界上大小江河成千上万，可全长6000千米以上的河流则只有四条，即尼罗河、亚马孙河、长江以及密西西比河。而在这四条大河中，位于巴西的亚马孙河的水流量与它的流域面积都居世界首位，被称为“地球之肺”。

在四条大河中，亚马孙河无疑是最特殊的——无论是长江、尼罗河还是密西西比河，人类对它们的探险和考察都是在有计划、有目标的前提下进行的；而亚马孙河的发现却带有戏剧色彩。

15世纪，哥伦布发现了美洲新大陆，这标志着世界历史进入了大航海时代。这是航海的黄金年代，西欧诸国纷纷派遣探险航海家前往东方和美洲大陆，以武力建立殖民地，掠夺当地的财富。

众所周知，巴西最早的殖民者是葡萄牙人。然而，世界上第一位发现亚马孙河的欧洲人却不是葡萄牙人，而是西班牙人——1542

年，西班牙人奥雷利亚纳在一次偶然的探险中发现了亚马孙河这一世界第一大河。

弗朗西斯科·德·奥雷利亚纳，约1511年出生于西班牙埃斯特雷马杜拉省的特鲁希略，与秘鲁征服者弗朗西斯科·皮萨罗是同乡，据说两人还有点亲戚关系。青年时期，受到新大陆传说的影响，奥雷利亚纳决定到海外新世界去冒险，并改变自己的命运。当时，皮萨罗在巴拿马召集士兵去征服富饶的印加帝国，他毫不犹豫地加入了。

此后，奥雷利亚纳跟着皮萨罗一起征战，立下了汗马功劳，他成了皮萨罗的心腹，并因此拥有了财富和地位。然而，作为一名狂热的征服者，他并不满足于此。正是这种不满足促使他在不久后动身参加了一场寻找“肉桂之乡（即卡内拉斯）”的探险远征。而正是在这次远征中，他偶然间发现了亚马孙河。

1540年，皮萨罗封他的弟弟冈萨罗为基多都督。冈萨罗曾听闻基多东部“肉桂之乡”的传说，贪婪的他对那片满是香料的神奇地域垂涎欲滴。所以，他一上任，就迫不及待地宣布要去寻找“肉桂之乡”。他还要求奥雷利亚纳给予他支援。不过，他太心急了，没等到奥雷利亚纳赶来，就先出发了。

接到通知后，奥雷利亚纳立即着手准备，购买了马匹和补给品，并召集了人手。很快，奥雷利亚纳就率领23名同样怀揣着发财梦的西班牙人上路了。当他们赶到基多的时候，才知道心急的冈萨罗已经动身，无奈之下，他们一行人只好在后面日夜兼程地追赶。

这次远征进行得并不顺利——在翻越陡峭而酷寒的安第斯山脉时，几个西班牙同伴被活活冻死。马匹大量死亡，补给品几乎一点不剩，远征队遭受了巨大的损失。后来，他们好不容易翻过高山来到了低地，在苏马科火山附近的莫蒂赶上了冈萨罗的队伍。两支队伍会合后，一行人继续向前。经过几个月的艰苦跋涉，他们终于找到了成片的肉桂树林。这种树上长着珍贵的肉桂皮，价值不菲。这个发现让一行人欣喜若狂，他们真的找到了传说中的“肉桂之乡”。

肉桂树林

按理说，奥雷利亚纳他们的目的已经达到，该返航了。可是，这些殖民者的贪欲是无穷无尽，永远得不到满足的。不久前，冈萨罗曾在路上遇到过一些当地的土著人，他听土著人说，只要再往前走十来天的路程，就会到达一片盛产黄金的富饶土地。这个消息让冈萨罗热血沸腾：天哪，难道那就是传说中的“黄金国”吗？黄金的诱惑让冈萨罗毫不迟疑地下令继续前进。于是，在没有向导和地图的情况下，冈萨罗一行人无头苍蝇般地扎进了广阔无垠的原始森林。

原始森林里，参天大树遮天蔽日，树下暗无天日。气温很高，大雨常常一下就是一个多星期。灌木丛和长着倒刺的藤条到处都是，蚊虫蛇蚁四处可见。在这样艰苦的条件下，很快，大批的西班牙人便被饥饿、疾病和困顿折磨致死。

在补给品消耗殆尽后，冈萨罗一行人不得不吃令人恶心的蟾蜍、蛇虫等充饥。这样，经过了长达十个月的艰苦跋涉，远征队终于到达了科卡河畔。

科卡河只是亚马孙河一条支流的支流，但在当时的那些西班牙人的眼里，这已经是一条大河了。冈萨罗决定走水路，他下令建造一艘帆船，用来运送远征人员和物资装备。筋疲力尽的远征队员用了将近两个月的时间才造出了一艘非常简陋的木筏，不过，冈萨罗却煞有介事地给它取了个名字，叫“圣佩得罗”号。

接下来，富有航海经验的奥雷利亚纳被任命为“圣佩得罗”号的指挥官。“圣佩得罗”号带着远征队顺流而下，经过几个星期的漂流，来到了科卡河与亚马孙河的另一条支流——纳波河的交汇处。

此时，食物已经消耗完了，一行人也是疲惫不堪，远征队员们实在走不动了。冈萨罗决定在这里安营扎寨，并派奥雷利亚纳驾船先行，到前方去寻找食物。冈萨罗全心全意地信任着奥雷利亚纳，告诫他此去不要超过12天，一旦弄到食物，就立即返回。

1540年12月26日，奥雷利亚纳带领57名同伴出发了。冈萨罗则带着余下的人在岸边安营扎寨，现在，他把所有希望都寄托在了奥雷利亚纳身上。让冈萨罗意想不到的是，奥雷利亚纳这一去，就再也没有回来。无奈之下，他只能带着手下狼狈撤离。

奥雷利亚纳一行人为什么没有回来呢？据史料记载，当时，“圣佩得罗”号在水流湍急的纳波河中行驶，只两天的时间，他们的船就被水流冲到了几百千米外的地方，奥雷利亚纳他们已经无法返航。

无奈之下，奥雷利亚纳只能随波逐流，驾驶船只穿越纳波河，直到大海。按照当时的常识看，河流最终都是要流向大海的，不是太平洋就是大西洋。奥雷利亚纳相信，只要船只进入大海，他们就能得救了，因为海边有很多西班牙人的据点。

不久之后，奥雷利亚纳从当地的土著人那里得知，他们离一条很长很宽的河流已经不远了。他们从一个土著人部落那里获得了足够的补给品，然后开始向那条大河航行。

1541年2月11日，奥雷利亚纳一行人航行到了科卡河、纳波河和那条大河三条河流汇集的地方。其实，他们见到的那条大河正是亚马孙河的上游——马拉尼翁河。奥雷利亚纳将船驶入了马拉尼翁河，湍急的河水推动着船只不断向东前进。奥雷利亚纳坚信，只要连续地向东漂移，他们一行人就一定能够到达海洋。

不久后，船只航行到了马拉尼翁河的河口，一条更大的河流展现在了奥雷利亚纳面前——这就是亚马孙河。此时，奥雷利亚纳觉得他们已经离海洋不远了，所以，他命令水手们全速向这条大河的下游行驶。让他失望的是，时间一天天过去了，他们却始终没有见到海洋的踪迹。

亚马孙河

1541年6月24日，奥雷利亚纳一行人在河岸发现了一个特殊的村庄，这个村庄里只有女人。这些浅肤色的女人留着长长的辫子，身体强壮有力，她们的武器是原始的弓和箭。这个地方让欧洲人联想到了古希腊神话传说中的“女儿国”。本来，奥雷利亚纳是想以自己的名字来给这条大河命名的，但后来，这条大河在欧洲却被人们普遍称为“亚马孙河”，而“亚马孙河”的意思就是“女儿国的河流”。

后来，有学者指出，“女儿国”的那些“女人”其实是当地留长发的印第安武士，而奥雷利亚纳却把他们误认为是女人。尽管“女儿国”最终被证明是一个误会，但“亚马孙河”这个名称却被保留了下来。

1541年8月2日，奥雷利亚纳的帆船终于驶入了一个亚马孙河的河口，眼前便是一望无际的大西洋了。而他们从纳波河河口沿马拉尼翁河、亚马孙河直到大西洋的全部航行时间为172天，差不多半年的时间。

奥雷利亚纳在亚马孙河河口休息了几个星期，8月26日，他将帆船驶入了大西洋，并沿着南美大陆的海岸向北航行。就这样，人类完成了首次全程探险亚马孙河的壮举。奥雷利亚纳也因此成为了与哥伦布、麦哲伦等人并驾齐驱的探险先驱。

继奥雷利亚纳之后，还有不少的探险家进入危机四伏的亚马孙河流域进行探险。让我们也同时记住这些勇敢者的名字吧：

1743年，法国博物学家拉孔达明在亚马孙河顺流而下，沿途进行地理学和人类学的调查。

19世纪初，德国探险家洪堡偕同法国植物学家邦普朗绘制了亚马孙和奥里诺科水系之间的卡西基亚雷河地区的地图。

1848到1859年，英国博物学家贝特斯沿亚马孙河进行考察，收集了数千种动物的数据，并客观生动地记述了当地的居民、动物和自然现象。他的著作《亚马孙河上的博物学家》迄今仍被认为是一本有关亚马孙河的伟大的经典著作。

19世纪中叶，美国派遣一个官方探险队到亚马孙河流域探险。1854年，赫恩登和吉朋两人在华盛顿向国会提交了题为《亚马孙河流域考察记》的报告。

1913到1914年，美国前总统西奥多·罗斯福与巴西上校龙东领导探险队到马德拉河的支流罗斯福河，进行博物史学的收集和调查。

从被发现开始，在之后的400多年时间里，亚马孙河流域的广袤平原成为人世间希望和梦想的乐园，它也沦为了西方殖民者冒险与剥削之地。采集橡胶、滥伐森林、挖掘矿藏……种种行为严重破坏了这里的生态环境，更把当地的印第安各部族逼进了生存绝境。亚马孙河宛如一个受伤的巨人，呼唤着世人的关心、爱护和救治。

20 不经意间发现澳洲大陆

◇

1542年11月1日，一支由六艘船组成的船队在威廉劳沃斯的指挥下从新西班牙出发，到遥远的东方探险。他们到达了周围布满暗礁的阿雷西福斯群岛，即现今的帕劳群岛。后来，船队又航行了一周，在棉兰老岛靠岸登陆，建立了一个村庄。

这时，西班牙人开始生病了，而居民们又不愿意给他们提供粮食，威廉劳沃斯企图在棉兰老岛与西里伯斯岛（苏拉威西岛）之间的一些小岛上搜刮粮食，但是失败了——这里的岛民们对外来人怀有强烈的敌对情绪。

几个月后，威廉劳沃斯派了一艘船前往墨西哥求援，指挥这艘船的是比尔那多·托雷。在托雷随身携带的正式报告中，第一次把这些亚洲东部岛屿称为菲律宾。托雷出发后，在北回归线附近发现了一系列火山岛——硫黄列岛。但他航行至北纬30°时陷入一片无风的海区，再加上船上缺水，不得不返航。

与此同时，附近海岛上的葡萄牙总督收到了西班牙船队进入“葡萄牙海区”的消息，他依据1529年葡萄牙与西班牙签订的协定，要求威廉劳沃斯退走。但是威廉劳沃斯回答说，他接到了在菲律宾定居下来的命令，因为这些岛屿远离马鲁古群岛，而且不会引起争端。不过，尽管威廉劳沃斯想霸占菲律宾，但由于生活必需品缺乏，水兵们不断死亡，他的实力大大削弱，已经不敢叫板葡萄牙人，只好退入马鲁古群岛的一个海湾。但此时，他依然试图与墨西哥取得联系，并于1544年5月派出了伊努哥·雷切斯船队再次前往墨西哥。

雷切斯准备在赤道区渡过海洋，在这条航线上，在哈马黑拉岛以东，他碰上了一块陆地，即新几内亚的西北海角。这块土地是葡萄牙人乔治·米涅泽斯1526年发现的。雷切斯以西班牙国王的名义占领了这块陆地，并给它起名为新几内亚。不过，雷切斯的船队最终没有到达墨西哥，到达卡尔卡火山岛时，水兵们疲惫不堪，纷纷要求返航，雷切斯被迫同意了。

至此，威廉劳沃斯获得墨西哥援军的最后希望彻底破灭了。1544年10月，葡萄牙总督要求西班牙人立即撤离马鲁古群岛，威廉劳沃斯被迫把全部船只交给葡萄牙人，只力争到他的人员可以保存自己的个人财物，葡萄牙人把人数不多的几组西班牙人分别用葡萄牙船只送回欧洲。

1546年春天，威廉劳沃斯死在安波那岛（南马鲁古群岛）上，而他的最后一批人员回到西班牙时已经是1548年了。

新几内亚的发现是一件大事，而欧洲的地理学家还把它当作南方大陆的北部赤道海角。

奇怪的是，人类发现了新几内亚后，探索的脚步似乎停下来了，更大的陆地——澳大利亚迟迟没有被发现。

过了半个世纪，1602年，荷兰东印度公司成立，该公司专门从事与爪哇和香料群岛的贸易往来。后来，该公司接管了原来在爪哇班特姆设立的一家贸易站。随着荷兰商人对东印度群岛地理状况的了解逐渐加深，他们获知在香料群岛以东存在着更多的大陆，这也就预示着更多的商机和财富。

在利益的驱使下，荷兰商人史蒂文·范·德·哈根命令威廉·詹茨进行一次航行，前去东印度群岛打探一下，希望有所发现。

1605年11月，威廉·詹茨乘一艘名叫"戴福肯"号的小型船只离开了爪哇，这位荷兰航海家踌躇满志，他沿着新几内亚的南海岸航行，从最西端到达了马老奇港。在马老奇港，他又转向南航行，不久，他发现了一片荒凉的陆地，他认为那片陆地属于新几内亚领土。后来，"戴福肯"号一直航行到了南纬14°，威廉·詹茨才掉头返回爪哇。他于1606年6月回到班特姆，并向史蒂文·范·德·哈根报告说在香料群岛以东有一个巨大的热带岛屿。后来，威廉·詹茨还绘制了此次航行的航海图。

实际上，威廉·詹茨大大低估了自己的发现——其实，他此次航行是沿着澳大利亚东北部的约克角半岛西岸行进的。而他发现的那片荒凉大陆则是澳洲大陆，并不是他所认为的新几内亚领土。就这样，威廉·詹茨在不经意间成了第一个发现澳洲大陆的欧洲航海家。

在此之前，不少荷兰地理学家和欧洲其他知名学者一直认为在太平洋的某处存在着一个大陆。很久以后，他们才意识到，威廉·詹茨的发现证明了他们的观点是正确的——那个大陆就是澳洲大陆。

为了纪念威廉·詹茨历史性的重大发现，2006年，澳大利亚发行了一枚澳洲大陆发现400周年彩色纪念银币。纪念银币的正面图案为伊丽莎白二世的头像；背面的主要图案为威廉·詹茨所绘航海图原稿的一部分——约克角半岛。

威廉·詹茨无疑是天生的幸运儿，他本是为了生意而进行航海，却在无意中成为发现澳洲大陆的第一位欧洲人，而在他之后，又有不少航海家乘风破浪，向澳洲大陆进发。同样来自于荷兰的塔斯曼便是其中之一。

17世纪30年代，塔斯曼受雇于荷兰东印度公司，在巴达维亚至摩鹿加群岛的航线上服务。为了寻找失落的南方大陆，即澳洲大陆，在荷兰东印度公司的资助下，他分别于1642年和1644年进行了两次远航。

1642年，塔斯曼进行了第一次寻找澳洲大陆的远航。一开始，他制订的航行路线过于偏南，根本不可能碰到澳洲大陆或塔斯马尼亚岛。后来，由于生活在热带的船员们抱怨天气太冷，他将航线改成了南纬44°。

1642年11月24日，塔斯曼发现了塔斯马尼亚岛，并将它命名为“范迪门地”。

后来，塔斯曼的船队继续向东航行。12月13日，船队抵达了新西兰南岛。当时，塔斯曼并不清楚这里是什么地方，误以为这里是南美洲的南端。于是，他命令船队继续北上，后来，他和船员们绕过新西兰南岛最北端的费尔韦尔角，并在戈尔登湾登陆。在这个岛上，他们观察到有人居住的迹象，便决定留下来观察当地人的反应。这个决定并不正确——12月18日，船员们遭到了当地毛利人的袭击，4名水手牺牲了。受到如此野蛮残酷的对待后，塔斯曼把此地命名为“杀人湾”。

塔斯曼不敢在岛上再待着了，他命令船员们继续向东北航行，穿越太平洋抵达了友谊群岛。那里的人比毛利人善良热情多了，他们受到了友好的对待。

1643年1月21日，塔斯曼的船队发现了汤加，这之后，船队启程回航。在返航的途中，他们又发现了斐济群岛。再后来，船队经过新几内亚岛后，于1643年6月15日回到了巴达维亚。

第一次远航，塔斯曼没有发现澳洲大陆，然而，他并没有放弃。1644年，塔斯曼进行了第二次航海。这次航行中，他决定沿着前辈威廉·詹茨的路线，顺着新几内亚南部航行。一切都进行得很顺利，他的探险队越过了托雷斯海峡。然而，他并没有穿过托雷斯海峡向东航行，而是向南，将船只驶进了卡奔塔利亚湾。他找到了澳洲大陆，从这里开始，他命令船只沿着澳大利亚海岸西行。在航海日志中，他这样记录着自己的见闻："海岸是一片不毛之地，当地人又坏又恶……"

未知的一切都充满了危险性，善良的塔斯曼不愿牺牲船员的安全去探索未知的海岸。环游了澳洲大陆后，他就启程返航了。所以，这第二次航行，他的船队虽然到了许多地方，但是没能开辟出新的贸易航线。

尽管如此，在航海历史上，塔斯曼的两次远航却可以算得上是成功的远航。在远航途中，他先后发现了塔斯马尼亚岛、新西兰、汤加和斐济等地。正因为如此，他的名字也进入了世界最伟大航海家之列，塔斯马尼亚岛和塔斯曼海都是以他的名字命名的。

21 爱国探险家徐霞客

◇ ……………

15世纪开始，历史上被称作地理大发现的大航海时代随之来临。在这个黄金时代，东西方涌现出了一大批优秀的探险家。他们中有的是受政府所托，带领探险队远航，去探索新的航线；有的则是在完全没有政府资助的情况下，单枪匹马，勇敢地踏上个人的探险之路——中国明朝末年的徐霞客便是这样一位英勇无畏的大探险家。

1587年1月5日，徐霞客出生在南直隶江阴（如今的江苏江阴）一个有名的富庶之家。徐霞客的祖上都是读书人，他家称得上是书香世家。他的父亲徐有勉对做官没什么兴趣，淡泊名利，不爱结交权贵，最喜欢到处游山玩水。受父亲影响，从小徐霞客就喜爱读历史、地理和探险游记类的书籍。书中那些动人的描绘使他心潮澎湃，他热爱祖国的壮丽河山，从小便立志要遍游名山大川。

徐霞客

15岁那年，他考过一回童子试，却没有中。见儿子无意功名，父亲不再勉强，而是鼓励他博览群书，做一个有学问的人。徐霞客家里有一座祖上修建的藏书楼，里面有很多书籍，这给徐霞客博览群书创造了很好的条件。徐霞客读书异常认真，他博闻强记，凡是读过的内容，别人问起，他都能记得。

19岁那年，徐霞客的父亲去世了。他很想外出去游历，但是他的母亲还在世，按照当时“父母在，不远游”的道德规范，他不能马上出游。然而，徐霞客的母亲是个很开明的女人，她鼓励儿子说：“男子汉大丈夫，理应志在四方。你出外游历去吧！儿子，到天地间去舒展胸怀，增长见识吧！不能因为我在，就像篱笆里的小鸡，套在车辕上的小马，留在家里，无所作为。”

听了这番善解人意的话，徐霞客才决心去远游。22岁这一年，他带着简单的行李离开了家乡。从此，直到54岁去世，徐霞客绝大部分时间都是在旅行考察中度过的，他将自己的大半生都奉献给了祖国的探险事业。

在完全没有政府资助的情况下，徐霞客先后游历了如今的江苏、安徽、浙江、山东、河北、河南、山西、陕西、福建、江西、湖北、湖南、广东、广西、贵州、云南等省。

徐霞客的游历生活大致可以分为几个阶段，第一阶段为22岁到28岁的游历准备阶段。在这几年的时间里，徐霞客游历了祖国的多处地理文化遗产，如太湖、泰山等地，遗憾的是，这个阶段，年轻的他没有留下任何关于游历的记录。

从28岁到48岁，这20年的时间是徐霞客游历生活的第二阶段。这是他生命中的黄金时期，这段时期，他先后游览了黄山和北方的嵩山、五台山、华山、恒山等名山。与游历的第一阶段不同，这段时间，在长途跋涉一天之后，无论多么疲劳，无论有没有找到住宿的地方，徐霞客都坚持把自己游历考察的收获记录下来。

徐霞客游历生活的最后一个阶段是从51岁到54岁这四年，他游览了浙江、江苏、湖广、云贵等地的大山大川，并写下了九卷游记。

1640年，徐霞客已经53岁，然而，年过半百的他并没有放弃毕生热爱的探险事业。当时，他人还在云南进行考察探险活动，却不幸身患重病。无奈之下，只得被人送回了江阴老家。第二年，他就去世了。

由于没有政府的支持，在30多年的游历考察中，徐霞客常常单枪匹马，徒步跋涉，他自己背着行李赶路，甚至连骑马乘船都很少。他到达的地方多是人迹罕至的穷乡僻壤或是荒芜的边疆地区，这些地方的地理条件和气候都十分恶劣，然而，他却不畏艰难险阻，风餐露宿。

在多年的游历生活中，徐霞客曾几次遇到生命危险，九死一生——28岁那年，他去温州攀登雁荡山。雁荡山傲然屹立于天地之间，山路陡峭难行。徐霞客想起古书上的记载，说雁荡山的山顶上有个大湖，就决定到山顶去看看。

然而，当徐霞客艰难地爬到山顶时，却只见山脊笔直，连下脚的地方都没有，哪里有湖呢？在这样的情况下，一般人早就放弃了吧。可是，徐霞客不肯善罢甘休，他艰难地继续前行。当他走到一个大悬崖前时，路没有了。他仔细观察，发现悬崖下面有个小小的平台，也许他要找的湖就在这平台之上呢！徐霞客决定下去看看，该怎么下去呢？那时候，还没有专业的登山装备，徐霞客手上没有任何像样的工具，只能把一条长长的布带子系在悬崖顶上的一块岩石上，然后抓住布带子，身体悬空而下。这可是高危动作，稍有不慎，就会坠入万丈悬崖，粉身碎骨。

幸运的是，徐霞客顺利地下到了小平台上。此时，前面再一次没路了，他也没找到心心念念的大湖。没办法，他只好抓住布带，吃力地往上爬，希望爬回悬崖顶部。只是，这回程之旅可没那么幸运了，他爬着爬着，带子断了。幸好他当机立断，迅速地抓住了一块突出的岩石，固定住了身体，这才没有坠入深渊。后来，徐霞客把断了的带子连接起来，又费力地向上攀登，最后终于爬上了崖顶，脱了险。

类似的例子还有很多，史料记载，勇敢的徐霞客还走过福建武夷山的三条险径：大王峰的百丈危梯，白云岩的千仞绝壁和接笋峰的“鸡胸”与“龙脊”。据说，在徐霞客登上大王峰时，已经是日落西山之时了，光线不好，他根本找不到下山的路。于是，他就用手抓住荆棘，胡乱地顺势而下。这样的情景，光是想象，便已觉得惊心动魄了。

正因为徐霞客在游历过程中曾经多次遭遇生死险境，所以，他几十年的游历已经远远超越了游玩的境界，他的游历是彻彻底底的大探险！

而且，徐霞客有着很高的科学素养，他不仅记录下了自己的所见所闻，还能用科学的态度来思考，来推测。比如徐霞客系统地考察了我国西南地区的石灰岩地貌后，对多种石灰岩地貌的分布、类型、特征和成因进行了详细的记录和分析，这是世界上最早的有关石灰岩地貌的分析文献，开辟了石灰岩地貌考察的新方向。而欧洲人在18世纪后半期才开始有关方面的考察，比徐霞客晚了整整一个世纪。

还有，徐霞客考察了湖南、湖北、云南、广西等多个省区的大小河流，对它们的源头和走向进行过认真而深入的探索。他纠正了许多传统的错误说法，弥补了前人研究中的不足。

《徐霞客游记》开篇

由于多年的探险生涯，徐霞客写下了长达240多万字的游记。只可惜，因为年代久远，游记中的大部分都失传了。而遗留下来的小部分经过后人整理成书，成为了著名的《徐霞客游记》。

《徐霞客游记》共40多万字，它主要记录了徐霞客多年间游历观察所得，内容十分丰富。徐霞客对所到之处的地理、水文、地质和植物等现象都进行了详细且生动的记录。《徐霞客游记》为我国古代自然地理和人文地理的研究提供了极其珍贵的资料，并开创了我国地理学史上系统考察自然和描述自然的先河。

这是一部将科学和文学融合在一起的“奇书”，一部了不起的著作！它不仅是一部伟大的地理学名著，还是一部享有盛名的文学佳篇。所以，它不仅具有很高的科学价值，还有很高的文学价值。

除此之外，《徐霞客游记》还体现出了徐霞客高尚的爱国主义精神，他是一个伟大的爱国主义者，爱憎分明。他对当时腐败的政治非常不满，不愿入仕途与贪官污吏同流合污，只愿纵情山水之间。此外，他还十分关心民生疾苦，心怀天下。因此，凡是读过《徐霞客游记》的人，都会被他伟大的爱国主义情操所感动。

徐霞客和他的《徐霞客游记》催动着一代代后人的一颗颗渴望冒险的勇敢之心，激励着人们不惧艰难险阻，勇敢地踏上危险而充满魅力的探险之旅。

22 寻找亚洲的尽头

◇

中国的北面屹立着全世界领土面积最大的国家——俄罗斯。俄罗斯几乎有两个美国的大小，其领土跨越了亚洲和欧洲两大洲。俄罗斯绝大部分的领土位于亚洲，但历史上，俄罗斯一直是东欧国家，其首都莫斯科也位于欧洲。

在今天，尽管俄罗斯国内存在着种种问题，但无疑仍是一个强大的国家——俄罗斯是安理会五个常任理事国之一，在国际会议上有一票否决权。

当然，俄罗斯能够在如今的世界格局中取得如此地位并不是一蹴而就的。在17世纪以前，俄罗斯的国力并不强盛，且远远落后于英法德等老牌欧洲国家。经历过文艺复兴和宗教改革后，欧洲走向了现代文明，而当时，俄罗斯还在农奴制的压制下固步不前。这种情况一直持续到1682年彼得一世即位，这位伟大的皇帝制定了西化政策，并在俄罗斯进行了一系列改革——包括政治、军事、经济等各方面。这一系列大刀阔斧的动作，终于让俄罗斯走上了强国之路。这为后来俄罗斯在政治、经济、文化和军事等方面的发展奠定了基础，所以彼得一世又被称为彼得大帝，并且被认为是俄国历史上最伟大的统治者，后人无人能及。

1724年，即彼得大帝逝世前一年，他下令组建了一支探险队，对当时还少有人涉猎的北太平洋进行探险，该计划旨在查明亚洲和美洲的北部是否相连。当然，彼得大帝的目的可不仅仅是探险，而是在着手进一步的对外扩张。

当时，人们对北太平洋的认知还不多，再加上恶劣的海洋环境，远赴北太平洋探险简直就是拿生命在冒险。而这个伟大的航行任务便由当时的海军准将——维图斯·白令负责执行。

维图斯·白令原本是丹麦人，他出生于1681年。1704年，白令开始在俄罗斯的海军部队服役。而当其被任命为此次探险的总负责人时，他已经在俄罗斯的海军阵营里服役整整20年了。正是这20年的海军军旅生涯，磨炼了白令的意志，也给了他一个强健的体魄。

1725年，在经过严密的计划后，白令带领一支由70多人组成的探险队向着未知的茫茫大海出发了，这是白令对北太平洋的第一次探险。从1725年到1730年，此次探险历时五年多。

当时，俄罗斯的北方海路没有开通，所以白令只能绕远路——他率队从圣彼得堡出发，跨过亚欧大陆，跋涉7000多千米，历时两年，最终于

维图斯·白令

1727年到达鄂霍次克海。

一路上，探险队遇到了一个又一个麻烦——恶劣的天气，糟糕的饮食和居住条件等等，探险队不得不风餐露宿，并一一应对路途中时常遇到的各种危险。然而，这些麻烦并不是摧毁探险队队员们意志的根本原因。

在距离鄂霍次克只有500千米的时候，探险队遇到了最为可怕的事情——饥荒，他们所携带的食物吃完了。可怕的饥饿感摧毁过很多意志坚强的人，让他们放弃了自己一直在追求的东西。毫不例外，探险队这次遭遇的饥荒也摧毁了许多队员的意志，有人不堪忍受偷偷离开了探险队。但是白令没有放弃，他不仅仅是一个意志坚定的人，还是一个坚韧不拔的优秀将领，在大家饥饿难耐的时候，他下令杀掉马匹，用来充饥，使探险队安全抵达了鄂霍次克海。

1727年，众人抵达鄂霍次克海后，白令下令渡过鄂霍次克海，并于同年抵达彼得罗巴甫洛夫斯克。在这里，白令设计并指挥众人建造了一艘轮船“圣加夫利拉”号。次年，也就是1728年，白令带着探险队，乘坐“圣加夫利拉”号向北太平洋进发了。

探险队在海上航行数月之后，“圣加夫利拉”号于1728年8月来到了亚洲大陆最东边的海域。在这一天，海面上大雾环绕，从海面上望去，四处是一望无际的大海，没有岛屿，也没有美洲大陆的身影。看到这样的景象，白令和他的水手们得到了一个结论：亚洲板块和美洲板块之间没有大陆存在。

时至今日，大家都知道美洲大陆和亚洲之间存在一个狭长的海峡，可惜的是，当时弥漫在海上的大雾欺骗了众人的眼睛。要知道，白令的探险队当时所处位置的海域正是现在的白令海峡，而白令海峡最窄处只有35千米。要是在晴空万里的日子，探险队一定能看到对面的陆地。

1730年，白令结束了他对北太平洋的第一次探险，回到了圣彼得堡，但是迎接他们的并不是鲜花和掌声，而是质疑。面对白令带回来的亚洲和美洲之间不存在陆地连接的消息，海军的官员质问他为什么没有继续向西北航行，寻找可能存在的“新陆地”。而一些学者坚持认为，在堪察加半岛之外还存在一块接着美洲和亚洲的陆地。

面对众多无礼的指责和怀疑，为了自己和整个探险队的荣誉，也为了更加科学全面地考察北太平洋，1733年，白令再次组建探险队，向着未知的海域出发了。

这是白令对北太平洋进行的第二次探险，这次探险中，白令取得了一个又一个重大发现，却也为此付出了生命的代价。

1733年，白令从圣彼得堡出发。像前一次一样，探险队历经千辛万苦横跨了亚欧大陆，于1735年渡过鄂霍次克海到达堪察加半岛，并于1741年下海北上，无畏地向着茫茫太平洋开始了第二次探索。

1741年的7月，探险队再次来到了1728年他们到达过的海峡，即现在的白令海峡。这次，上帝似乎站在了白令这边。

俯视白令海峡

7月的大海是变幻莫测而又危险的，在穿过海峡时，一场暴风雨将白令指挥的两只船分开了。而后，天气变得晴朗，白令站在船头，在蔚蓝的海天之间，他远远地看见了北美大陆的影子，还有那伫立在美洲大陆上的圣厄来阿斯山。白令随即下令在一个岛边靠岸。在岛上，一位博物学家发现了一种与美洲大陆上的鸟非常相似的鸟，并且还发现了土著居民。这一切的证据都证明，这正是美洲大陆：白令和他的探险队发现了亚洲大陆和北美洲之间的海峡！

在得到这一重大发现后，探险队准备返航，但是，上帝似乎又和白令开了一个大大的玩笑——在探险队返航途中，白令病倒了。1741年11月，白令所指挥的船在海上风暴中触礁，探险队被迫在一个荒无人烟的小岛上登陆。在这里，大家昼夜不停地对船只进行修补，希望能够早日返回圣彼得堡。

但是白令的病实在是太严重了，他再也等不到船修好的那一天，就在一个寒冷的冬天的清晨——1741年12月8日，病逝在了这个无名小岛上。

那真是一个难挨的冬天，很多水手都因为病痛而失去了生命。次年，也就是1742年，剩下的水手返回了圣彼得堡。他们带回去的还有海峡被发现的消息。但是，白令这位拥有大无畏探险精神的探险家却被留在了海岛上。直到1991年，一支由丹麦和俄罗斯共同组成的考古队在这个无名小岛上才发现了白令和其余五名水手的墓穴，他的遗体这才被带回俄罗斯。

白令是一位伟大的航海探险家，尽管他的探险活动和沙皇俄国的扩张政策紧密联系在一起，但他为人类认识北极而做出的贡献，还是应该充分肯定的。后人为了纪念他，把他去世所在的那个小岛命名为白令岛，把他发现的海峡取名为白令海峡，把阿留申群岛以北、白令海峡以南的海域命名为白令海。

今天，白令海峡作为连接北美洲和亚洲的重要海峡，在世界经济、军事、政治格局中发挥着非常重要的作用。海峡水道中心线既是俄罗斯和美国的交界线，又是亚洲和北美洲的洲界线，还是国际日期变更线。

现代探险序幕拉开

23 拉开现代探险的序幕

◇……………

在每个运动爱好者的内心深处，都有一个度假的终极胜地，那里风景优美、举世无双，是我们历经千山万水也要抵达的净土。

法国沙木尼就是众多登山爱好者心中的圣地。这里原本只是一个闭塞的村庄，后因本地石匠杰克·巴尔马和医生米歇尔·帕卡尔成功登上了欧洲最高峰勃朗峰顶峰而闻名。现在这里一年到头都挤满了慕名前来的登山者。法国国家登山滑雪学校就坐落在这里，这里有最专业的高山向导培训，培养出众多非常优秀的国际高山向导，在世界上都享有盛誉。

或许你会觉得奇怪，海拔4807米的勃朗峰几乎只有世界最高峰珠穆朗玛峰一半高，为什么会成为登山爱好者心中的圣地呢？这是因为，现代的登山运动正是起源于此。

位于法国境内的勃朗峰是西欧的第一高峰。据记载，法国一位名叫德·索修尔的科学家为了探索高山植物资源，渴望能有人帮他克服当时看来是不可逾越的险阻——登上阿尔卑斯山顶峰。他于1760年5月在阿尔卑斯山脚下的沙木尼村贴出一则告示："凡能登上或提供登上勃朗峰之巅路线者，将以重金奖赏。"然而，告示贴出后长期未获响应。此后，他每年出榜一次。直到26年后的1786年，一个名叫米歇尔·帕卡尔的山村医生揭下了告示，他说两个月后，将会向勃朗峰发起挑战。

勃朗峰位于法国的上萨瓦省和意大利的瓦莱达奥斯塔的交界处，法语意为"银白色山峰"。这个名字很形象，因为勃朗峰地势高耸，常年受西风影响，降水丰富。冬季积雪，夏季也不融化，白雪皑皑，约有200平方千米为冰川覆盖，冰川顺坡下滑。西北坡法国一侧有著名的梅德冰川，东南坡意大利一侧有米阿杰和布伦瓦等大冰川。

勃朗峰

挑战勃朗峰可不是件容易的事，这是因为勃朗峰山势险峻，山顶终年积雪，千年冰川上遍布裂缝，导致登山事故时有发生。且不说200多年前还没有专业的登山设备，即使在今天，佩戴专业登山装备的运动员还不断在勃朗峰发生意外：2008年8月24日，勃朗峰雪崩，至少造成8人受伤、8人失踪；2009年5月29日，奥运滑雪金牌得主卡琳·吕比在攀登勃朗峰的过程中跌入了冰川的裂口当中；2013年7月12日，勃朗峰发生雪崩，造成9名登山者死亡，此外另有9人受轻伤。

从米歇尔·帕卡尔“揭榜”算起，两个月过去了。1786年8月8日这天，他叫上同伴杰克·巴尔马，一起前往阿尔卑斯山。巴尔马是一位石匠，身体强壮，有着坚韧不拔的意志。两人一前一后保持着10米的距离，以便相互救援。

帕卡尔和巴尔马的挑战成功了，他们成了世界上最先登上勃朗峰的英雄。

帕卡尔如愿以偿地得到了德·索修尔的奖金，并把自己登山的路线告诉了索修尔。次年，即1787年的8月3日，德·索修尔本人率领一支20多人组成的登山队，再次向勃朗峰发起了挑战，这支登山大军在向导巴尔马的带领下，再次登上勃朗峰。在登山过程中，他们进行了有关人体生理、自然环境等多方面的考察，获得了不少高山科学方面的宝贵资料。

这次登山行动拉开了现代登山运动的序幕，德·索修尔、巴尔马等人则成为世界登山运动的创始人，并得到了国际登山界的公认。因此项运动首先从阿尔卑斯山区开始，故也称为“阿尔卑斯运动”，而英文里的“登山家”一词也正是“alpinist”。

所以说，阿尔卑斯山区是登山运动的摇篮，沙木尼是登山运动的基地，因此，勃朗峰已成为现代登山运动的一个象征性地点。除了登山专家，勃朗峰也是探险者和户外运动爱好者喜欢光顾的地方，更被很多人视为旅游胜地。现在，勃朗峰地区已经成为阿尔卑斯山脉最大的观光中心，有架空索道和冬季运动设施，其传统的畜牧经济已经完全衰退。

每年大约有3万人试图攀登勃朗峰，此峰的海拔高度虽然只有珠穆朗玛峰的一半，但就死亡人数而言，它远比珠峰危险。自有记录以来，已有近8000人命丧于此。究其原因，当地人说是人满为患，或者是登山者的鲁莽行为所致。

攀登勃朗峰

为什么勃朗峰会如此危险，恐怕还有个原因就是它还在不断"长高"。法国上萨瓦省的测量官员根据2007年9月15日和16日的测量数据，宣布勃朗峰的最新高度为海拔4810.90米，这比此前的"官方数据"高出了将近4米。这是怎么回事呢？

原来，在夏天，频繁的西风从大西洋上空带来大量降水，在海拔4000米以上的地区，降水的形式为温度较高的黏稠的雪，这些黏稠的雪很容易附着在高山冰层上，并加厚这里的冰层。正是由于这一独特的气候，勃朗峰海拔4800米以上部分的冰层体积在2007年突然增加了近10000立方米，这就是它“长高”的原因。增厚的冰层不仅增加了攀爬高度，也增加了雪崩的危险，让勃朗峰变得更加可怕。

攀登过珠穆朗玛峰的新西兰专业登山者拉塞尔·布赖斯曾多次登顶勃朗峰。他曾经说过“每个人都总觉得珠穆朗玛峰很危险，但与勃朗峰相比，那就是一个玩笑——在珠峰，登山者造成的堵塞可能每年只发生两三次，但在勃朗峰，这种情况几乎天天有”。

攀登勃朗峰的每条路线都是固定的，为了增加安全性，2013年在“古特木屋路线”上，海拔3835米的地方修建了一个避难所。然而，这并不能降低攀登勃朗峰的危险性。相反，勃朗峰还是世界上最致命的山峰。

因为这里不仅天气多变，而且风力很强，强风卷起漫天飞雪，很容易让缺乏经验的登山者偏离了轨道。而在海拔4000米以上，每一步、每一个动作出错可能就是致命的。

在“古特木屋路线”事故多发的危险地带，从1990年到2011年之间，就有74人遇难。在这个海拔3340米的“死亡走廊”，登山者要跨越48°的斜坡，爬过100米长的冰滑道。而到正午时分，由于温度的上升，平均每17分钟就会有石块砸向这里。所以，登山向导也称这里为“保龄球馆”。

勃朗峰太危险了，而且离我们很远，我们可能不会去挑战勃朗峰，但周末或假期免不了约上朋友一起去爬山。如果前去爬山，一定要注意安全，还要注意以下几点：

1. 上山时要轻装，少带行李，以免过多消耗体力，影响登山。

2. 山区气候变化大，时晴时雨，反复无常。登山时要带雨衣，下雨风大，不宜打伞。

3. 雷雨时不要攀登高峰，不要手扶铁制栏杆，不要在树下避雨，以防雷击。

4. 登山时身体略前俯，可走“之”字形。这样既省力，又轻松。上山时要带足开水、饮料和必备的药品，以应急需。

5. 登山队伍不可拉得太长，经常保持前后呼应；下撤至少两人同行，避免单独行动，落单最容易发生意外。

6. 迷路时应折回原路，或寻找避难处静待救援；除保持体力外，还要安抚同伴平稳情绪。

7. 最好随身携带急救药品，如云南白药、止血绷带等，以便在发生摔伤、碰伤、扭伤时派上用场。

24 旅行科学家洪堡

在美洲大陆被发现后，这块神秘富饶的土地吸引了一批批科学家、地质学家、植物学家和探险者前往。他们对这块处女之地进行探索，并且取得了一个又一个重大发现。这些发现弥补了科学史上的空白，开拓了人类自然科学的新领域，为后来的继承者提供了宝贵的财富，并激励着一代又一代探索者对未知的世界进行探索，推动整个人类文明不断地前进。

亚历山大·冯·洪堡

在赴美洲大陆探险的探索者中，亚历山大·冯·洪堡是最负盛名的一个，他在许多领域均取得了辉煌的成就。而这些成就，很大程度上要归功于他对自然科学的热爱和大无畏的探险精神。

1769年9月14日，洪堡出生在德国柏林的一个贵族家庭。他深爱着自然科学，但是由于其母亲的原因，他起初并没有学习自然科学。1787年，18岁的洪堡进入法兰克福大学学习经济学，不久后又进入柏林大学学习工厂管理，再后来进入哥廷根大学学习矿物学等学科。

尽管没有专门学习过自然科学，但是，洪堡似乎天生就是为自然科学而生的。

洪堡在柏林大学期间，凭借着非凡的毅力和热情，学习了希腊文，并开始学习植物学。转入哥廷根大学后，他又学习了物理学、语言学、考古学，还拜了著名动物学家、解剖学家布鲁门巴哈为师，学习动物学。后来，洪堡又师承誉满四方的“水成学派”矿物学家代表维尔纳，学习矿物学。这些学习积累为他之后能够成功游历美洲奠定了坚实的基础，积蓄了力量。

值得一提的是，洪堡在求学期间，认识了刚刚和库克船长（海军上校，英国航海家，他曾经三度奉命出海前往太平洋，成为首批登陆澳大利亚东岸和夏威夷群岛的欧洲人。库克曾经三度出海前往太平洋地区，运用测经仪为新西兰与夏威夷之间的太平洋岛屿绘制大量精确的地图）远洋归来的乔治·福斯特，并和他结伴游历了欧洲。在这次游历中，洪堡对大自然产生了浓厚的兴趣，这也为他之后在美洲的那次非凡的冒险发现之旅埋下了一颗火热的种子。

由于母亲的原因，洪堡一直压制自己对探险的渴望，和对自然之旅的热爱，直到1796年。在这一年，洪堡的母亲去世了，这给洪堡带来了无尽的痛苦，却也带来了一次人生的转折。母亲去世了，洪堡能够按照自己的愿望进行无拘无束的游历了。并且，母亲留给了洪堡一笔丰厚的遗产——林根山庄，这为其之后充满传奇色彩的探险之旅提供了物质保障。

1797年，洪堡毅然辞掉了政府公职，决定进行一场自费的美洲之行。然而，这场旅行一开始就困难重重，因为当时美洲的大部分地区都在西班牙的管辖之下，而西班牙不允许其他国家和地区与美洲有贸易或是其他往来。所以，要取得进入美洲考察的通行证本身就是一项艰巨的任务。

1799年3月，洪堡觐见西班牙国王，花费了数月，终于说服了西班牙国王，拿到了西班牙皇家特许护照。

1799年6月5日，洪堡和另一名探险家——法国植物学家埃梅·邦普兰，乘坐"毕查罗"号巡航舰，从西班牙的卡塔纳港口起航，开始了长达五年的美洲之行。正是这次不同寻常的远航旅行，奠定了洪堡在地学界前无古人后无来者的地位，同时也掀起了一场革命，开创了近代自然地理学的新纪元。随船物品中，有象限仪、六分仪、磁力计、比重计、气压计、空气纯度计、计时仪、莱顿瓶等等，凡是当时所能提供的精良科学仪器应有尽有。而所有这些，包括船资运费和日常开支，都由洪堡自费支付。尽管洪堡不是去打仗的，也不会主动与当地人发生冲突，但他还是做了最坏的打算，留下了遗嘱。

值得一提的是，洪堡出发的时候，拿破仑横扫欧洲的战争已经开始，所以他们在海中航行时需要特别小心。7月16日，洪堡一行人抵达位于南美东北角委内瑞拉的库马纳，正式拉开了美洲探险之旅。

1800年初至7月，洪堡与邦普兰坐小船和独木舟，沿着委内瑞拉最大的河流奥里诺科河划行了2760千米，深入南美内陆，对大部分无人居住的森林区进行了测量制图，证实该河通过一条支流与南美第一大河亚马孙河相通。途中遇到的艰辛是难以言喻的，他们不得不以香蕉和鱼为主食，而且还经常遭到成群蚊虫、蚂蚁和其他昆虫的叮咬，以及毒蛇、食人鱼和鳄鱼的侵袭。几乎每个人都患了热病，然而洪堡似乎有免疫力，他没有倒下，还坚持观察并记录下各种自然现象，用仪器测定经纬度，绘制了美洲大陆大量无人区森林的草图。

亚马孙鳄鱼

1801年3月至1802年秋天，洪堡和邦普兰又开始了对哥伦比亚、厄瓜多尔和秘鲁的安第斯山脉的探险。洪堡攀登和考察了厄瓜多尔境内的许多火山，为了收集从地球内部释放出来的气体，他一再走入活火山口中深处。在地震频繁的基多，洪堡曾三度攀上皮钦查火山，观察到脚下600米深处吞吐不息的蓝色火苗，并在36分钟内精确记录卜15次明显的余震。他和邦普兰还攀登了当时被认为是世界第一高峰的钦博拉索峰。在爬山的过程中，洪堡还不忘用空盒气压表测定高度，用温度表测定气温，用磁力仪测定地球磁场。他注意到了从地极向赤道移动时磁强的下降，观察到热带山区的气温、气压、植物随高度不同而明显变化的有趣现象，他还记载了因缺氧而导致的高山疾病的征象。在研究当地矿石和地质岩石时，洪堡还发现结晶岩都是火成岩的事实，从而推翻了其“水成学派”老师维尔纳岩石均是由水构成的观点。

1802年10月，洪堡一行人离开安第斯山脉，沿美洲西岸航行前往墨西哥。途中，洪堡注意到一股沿南美西岸向北流动的洋流，其中有一股从海底向上翻腾的强大的冷水流，测出了流速和水温，并把其称为“秘鲁寒流”，不过后来很多地图上都标作“洪堡寒流”。

1804年8月1日，洪堡一行人在经过23天横穿大西洋的旅程后来到了法国波尔多港，结束了他长达五年的探险之旅。

洪堡一行人的探险历时五年，行程6.5万千米。在这五年中，洪堡对美洲植物、矿物、地质、天文、气象、海洋等等进行了勘察记录，发现了许多新的物种，同时还发现了美洲独有的自然现象。到1804年，洪堡回到巴黎时，带回了40多箱美洲物品，包括大量的动植物标本（其中仅草木花卉就有6万多件）、岩石矿物标本，还有途中记录的大量日记杂记等。

巴黎轰动了，人们高度赞扬他的牺牲精神和对知识的不懈追求，把他称为旷世英雄。洪堡一时成为最抢眼的人物，那时的巴黎乃至全欧洲，可能只有一个人比他更出风头，那就是拿破仑。

1829年，俄国沙皇尼古拉一世邀请洪堡对其统治下的广阔无垠的亚洲疆土进行考察。这时，洪堡已年过花甲，但仍壮心不已，就接受了邀请。他骑马乘车跨越险峻的乌拉尔山脉，考察了广袤的西伯利亚，从叶尼塞河一直走到了俄中边界的阿尔泰山脉，并在归途中考察里海。此次北亚之行，为期半年，行程15 480千米。更可贵的是，洪堡在旅途中不顾劳累地进行着多种科学测量，他测量了圣彼得堡至阿尔泰山沿途的磁偏角和磁倾角。回到圣彼得堡以后，洪堡向沙皇强调建立地球物理总台和在全国组织地磁与气象网的必要性。这一建议不久即见诸实行。1835年，俄国建立起了气象网。当时为了与毗邻地方比较，俄国还于清道光二十一年（1841）在北京俄国教堂中也建立了地磁气象站，这是我国第一个正式气象台和地磁台。

洪堡温文尔雅，深受女士欢迎，常有女士主动求婚，但都被他拒绝。理由是他已经结婚——爱人是“科学”。尽管常人难以理解，但这可能是世界科学史上最成功的婚姻——这桩婚姻的结果是创立植物地理学、首次绘制地形剖面图、首次进行欧亚大陆地磁测量、与高斯共创国际地磁学会、发现9个全新物种，提出“等温线”“等压线”“等磁力线”“磁暴”和“侏罗纪”等科学概念。从大西洋到太平洋，从地球到月球，都有河流、江湖、海湾、山峰、城市、居民区和学校以洪堡的名字命名。

科学史上，洪堡与培根、达尔文、爱因斯坦和牛顿等并列为现代科学之父。

1859年5月6日，洪堡与世长辞，享年90岁。普鲁士政府为他举行了国葬，全欧学术界为他的逝世深感悲痛。但是，他所开拓的许多新领域却由后人继续开垦着。德国地理学家阿尔夫雷德·赫特纳指出，虽然洪堡没有写过系统的地理著作，也没有造就一个地理学派，但他给了后人启发，地理学就是在这种启发下建立起来的大厦。正因为如此，洪堡的名字是不朽的。洪堡的可贵之处还在于他对科学的热爱、对知识的追求以及为了这种追求而付出的不懈努力和辛勤劳动。在他的后半生，用了将近30年，完成了五卷巨著《宇宙》。在地理学史上，洪堡的《宇宙》和李特尔的《地学通论》，被公认为近代地理学形成的标志。

为了纪念他，德国建立洪堡基金会资助世界各地的科学家，推进科学的发展。所以说，洪堡对科学界的贡献不仅仅止于他的那个时代，还将在我们现在所处的时代和遥远的未来继续延续。

25 达尔文环球考察

◇ ……………………

基督教是世界上三大宗教之一，其教徒数目最多，传播范围也最广。在欧洲，信奉其他宗教的信徒曾被称为异教徒，那时对基督教义进行质疑的人甚至会被处死——这在我们现在看来是无法理解和极其残忍的事情，但是在长达数个世纪中，基督教国家确实是这样做的——比如，维护哥白尼日心说（基督教是地心说）观点的科学家布鲁诺就被罗马教廷烧死在罗马鲜花广场。

所以，在当时提出或是维护和基督教教义相悖的观点和学说是被禁止的。如果谁违背了教义，他就会受到教廷严厉的惩罚，甚至会付出生命的代价。但是即使如此，也不能阻止广大科学家对真理的探索、对真相的追求。

查里·罗伯特·达尔文便是在真理追求之路上树立人类起源里程碑的第一人。

达尔文蜡像

达尔文是英国生物学家，进化论的提出者和奠基人，同时也是一位博物学家。他在1859年出版的《物种起源》一书，被恩格斯誉为19世纪自然科学的三大发现之一——这不仅仅因为生物进化论的观点严重打击和摧毁了各种“神造论”，还因为进化论的提出为之后的人类学、心理学和哲学的发展奠定了基础，并且，对整个自然科学的发展都具有深远的影响。

1809年2月12日，达尔文出生在英国的一个医生世家，其祖父和父亲均是医生。童年时期，达尔文就对自然产生了浓厚的兴趣，他爱在丛林原野上玩耍，观察植物的生长和小动物的活动。但达尔文的父亲希望他做一名医生，所以在1825年，16岁的达尔文即被送到爱丁堡大学学医。

但是，达尔文在学医期间还是喜欢到野外观察大自然，所以学业弄得一团糟，这让父亲对他很是失望。随后，达尔文的父亲在1828年又将其送往剑桥大学，让其学习神学，希望其成为一名牧师。但是达尔文依然痴迷于自然科学，热衷于搜集各种昆虫，以至于后来完全放弃了对神学的学习。据说他有一次去抓甲虫，双手各抓住一只甲虫，却发现又爬出来一只更为奇特的甲虫，就毫不犹豫地把一只甲虫咬在口中，腾出手来抓第三只，结果他的嘴被甲虫放出来的毒汁灼得又麻又痛。他成名后，那一种甲虫就被命名为“达尔文甲虫”。学生时代的达尔文的理想是进行野外考察，成为一名分类学的自然科学家。后来，达尔文结识了著名的植物学家J. 亨斯洛和地质学家席基威克，更是让他与神学之路越离越远。

1831年12月27日对于达尔文来说是一个特殊的日子，对于自然科学领域而言也是一个非同寻常的日子。因为这一天，刚从剑桥大学毕业的达尔文以博物学家的身份乘坐英国的“贝格尔”号环球科学考察舰，开始了他为期五年的环球考察之行。正是此次环球考察，让达尔文彻底放弃神造论，为一部旷世巨作的诞生奠定了坚实的基础。

达尔文跟随“贝格尔”号首先穿过北大西洋来到巴西，再从南美洲的南岸往南行驶到达里约热内卢，向南继续行驶，考察了南大西洋的福克兰群岛（即马尔维纳斯群岛）、火地岛。之后，他从合恩角（智利南部合恩岛上的陡峭岬角。位于南美洲最南端）绕行，从南美洲西岸向北行驶，到达秘鲁利马的卡亚俄港。然后，他又从这里出发，马不停蹄地穿过北太平洋，考察了加拉帕戈斯群岛。他先后到达了大洋洲的塔西提岛、新西兰等地，并进行了考察。离开新西兰之后，他横渡印度洋，来到了马达加斯加岛。之后，他绕过非洲好望角，往北再次穿过北大西洋，到达巴西。1836年10月2日，他回到出发地英国。

“贝格尔”号模型

在为期五年的考察中，达尔文还遇到了许多危险和困难，但对自然科学的热爱和勇敢无畏的探险精神支撑着他渡过了一个又一个的难关。比如，在对瓦尔迪维亚进行考察时，达尔文经历了九死一生的大地震；在攀爬塔帕根山时，他在山脚下遭遇了特大冰雹——这场大冰雹砸死了很多野兽还有植物；而在对火地岛进行考察时，他赶上了百年不遇的飓风。

1832年2月，考察舰到达巴西，达尔文来到了巴西广袤的无人区热带雨林。在这里，他随时会遇到不知从哪里钻出来的毒蛇猛兽，还有各种毒虫。由于生存环境的恶劣和水土不服，舰队的很多随行人员都患上了热病，有人甚至因病丢掉了性命。但是达尔文心怀对自然的无比热爱之情，在巴西热带雨林中多次单独外出，采集远古生物的化石标本。

之后，达尔文还登上了安第斯山脉，采集山脉上的物种标本。别说到安第斯山脉采集东西了，即使只是爬山，本身已经危险重重。舰长曾劝他不要去，但是达尔文对科学的热爱早已超出了自己的生命。他说服了舰长，带领一支登山队，成功登上安第斯山脉最高峰，并且在山峰上发现了贝类化石，从而提出了地壳在不停运动的猜想。

在漫长的航行中，达尔文不满足于仅仅采集一些标本，而是虚心地向当地人请教。譬如有人告诉他，当地的鸵鸟很奇怪——几只雌鸵鸟把蛋下在同一个巢里，每当蛋积累到30只左右，雌鸵鸟就集体离开，到另一处去下蛋，由雄鸵鸟去孵蛋。达尔文并没有直接把这些记下来，而是进行了一番实地考察，终于破解了这个“奇观”。原来，这是鸵鸟对当地高温条件的应对办法。因为雌鸵鸟隔三天才能下一个蛋，如果等它把十几个蛋下完再去孵化，第一个蛋早就变坏了，所以聪明的鸵鸟就采用这个办法，保证后代能顺利地繁殖出来。

1835年秋天，“贝格尔”号到达了被称为“全世界最大的自然博物馆”的加拉帕戈斯群岛，岛上的动植物种类比英国本土要丰富好多倍，这让达尔文心花怒放。全岛共有植物200多种，他采集到的标本就有193种，其中有近百种是该岛特有的品种。在采集之余，达尔文开始思考：为什么这里会有这么多种动植物？为什么很多动物长得很像却又有着明显的不同呢？这里面是不是有什么原因？抱着这些疑问，达尔文进行了进一步的研究，决定从一种叫“反舌鸟”的小鸟开始研究，寻找答案。达尔文考察了加拉帕戈斯群岛中的每一个岛屿，抓来了许多不同的反舌鸟，长嘴的、短嘴的、粗嘴的、细嘴的，一个个加以仔细分类和考察。

达尔文的研究引来了舰长的好奇，舰长问他为什么要养这么多相同的鸟。达尔文告诉他，这些鸟并不一样，而且，很有可能是从同一个种类里变化出来的。当时在欧洲，人们信奉的是基督教的

“神创论”。“神创论”认为，世上任何物种都是上帝一下子创造出来的，而且一经造出，永远不变。达尔文的想法可是“大逆不道”的，难怪舰长听后吓了一跳，劝他千万不能这么说。但不论他说什么，达尔文已经听不到了，因为他已经沉浸在自己发现的生物发展变化规律里了。

1836年10月2日，达尔文随考察舰回到英国。这次环球考察历时五年，行程数万千米。达尔文带回了368页动物学笔记，1383页地质学笔记，770页随行日记，还有1529个保存在酒精中的物种标本和3907个风干了的标本（物种标本共计5436个）。

这些从世界各地收集而来的物种标本和达尔文的笔记、记录均是自然科学界，特别是地质学和动物生命科学的宝贵财富。这些收获也为达尔文后来出版《物种起源》一书提供了宝贵的第一手资料，为进化论的提出提供了强有力的证明，也为一个科学巨匠的诞生奠定了不可动摇的基础。

结束环球考察后，达尔文就和表姐结了婚，婚后，他一直居住在乡村——在这里，达尔文做了大量实验，整理了大量资料，阅读了大量书籍，为写进化论做了充足的准备。1842年，达尔文开始起草进化论的大纲；1858年，他将自己一部分的论文稿和年轻的博物学家华莱士的文章一并交给了专业委员会；1859年，他出版了相关著作，那就是提出生物进化论的《物种起源》。生物进化论的提出有划时代的意义，它与细胞学说和能量守恒转化定律一同被评为19世纪三大发现。

从1831年环球考察开始，到1859年《物种起源》一书问世，达尔文整整花费了28年的时间，终于完成了在自然科学史上，特别是生命科学史上的鸿篇巨制。

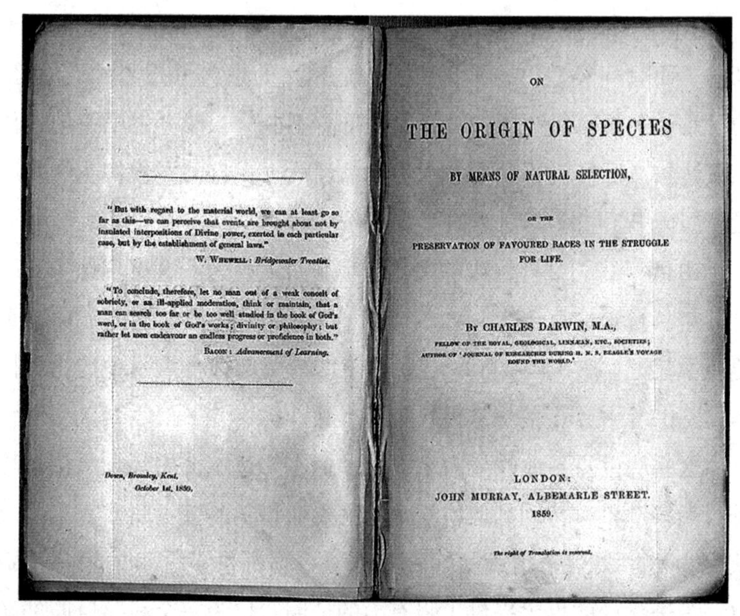

"But with regard to the material world, we can at least go so far as this—we can perceive that events are brought about not by insulated interpositions of Divine power, exerted in each particular case, but by the establishment of general laws."

W. WHEWELL: *Bridgewater Treatise.*

"To conclude, therefore, let no man out of a weak conceit of sobriety, or an ill-applied moderation, think or maintain, that a man can search too far or be too well studied in the book of God's word, or in the book of God's works; divinity or philosophy; but rather let men endeavour an endless progress or proficience in both."

BACON: *Advancement of Learning.*

Down, Bromley, Kent,
October 1st, 1859.

ON

THE ORIGIN OF SPECIES

BY MEANS OF NATURAL SELECTION,

OR THE

PRESERVATION OF FAVOURED RACES IN THE STRUGGLE FOR LIFE.

BY CHARLES DARWIN, M.A.,

FELLOW OF THE ROYAL, GEOLOGICAL, LINNÆAN, ETC., SOCIETIES;
AUTHOR OF 'JOURNAL OF RESEARCHES DURING H. M. S. BEAGLE'S VOYAGE ROUND THE WORLD.'

LONDON:
JOHN MURRAY, ALBEMARLE STREET.
1859.

The right of Translation is reserved.

1859年版《物种起源》

我们今天敬仰达尔文，不仅仅是由于他的进化论带给了人类关于人类起源方面认识的改变，也不仅仅是因为他对自然科学所做的贡献。我们尊重他、纪念他，还因为他所具有的探险精神——他冒着被当时整个社会质疑、攻击甚至丢掉性命的危险，为了科学的真理性，出版了《物种起源》——这也激励着一代又一代的人对真理进行无畏的探索和追求，推动着整个人类文明的前进。

26 深入非洲三万里

◇

非洲不仅有丰富的矿产资源和石油天然气资源，还具有丰厚的历史文化底蕴，其人文旅游发展前景也不可小觑。今天，我们或许都会这样想，但直到一个多世纪以前，非洲对于普通人来说还是一片未知的荒蛮之地。由于那里自然条件恶劣，外界的人们一直没有深入非洲进行探险。

历史上，真正意义上第一个横穿非洲大陆的人是大卫·利文斯通。利文斯通大概是世界上最有探险精神的传教士，他把自己的一生都奉献给了非洲。利文斯通在非洲很多地方建立了学校、教堂，开化了当地人的心智，在非洲这片饱受奴隶制压迫的土地上传教；他为很多人医治病痛、切除肿瘤，使他们恢复健康；他在许许多多地方讲道，将文明的光辉带进了人们的内心——正因为他为非洲人民所做的贡献，直到现在，非洲境内仍然有30多个地方是以他的名字来命名的，他也被尊称为“非洲之父”。

大卫·利文斯通

1813年3月19日，大卫·利文斯通出生于苏格兰的布兰第里小镇，他的父母都是虔诚的基督教信徒。7岁时，小利文斯通被送进小学学习，但是由于家境贫寒，他从10岁就开始“兼职”了——白天到棉纱厂工作挣钱贴补家用，晚上再去上夜校。这样的情况持续了13年，直到1836年，利文斯通从中学毕业才结束。

贫困的生活并没有打垮利文斯通，而是磨炼了他坚韧不拔的品质，锻炼了他的忍耐力以及毅力，这也为他以后能够数次横穿“黑暗大陆”做了铺垫。

后来，利文斯通进入格拉斯哥大学学习，随后在伦敦工作。在大学时，他学习了希腊语、医学和神学。这为他之后在非洲传教和救治病人打下了基础——利文斯通一生中曾几次进入非洲腹地，为当地人带去了上帝的福音。

1840年到1854年，利文斯通第一次进入非洲传教布施，这一次探险旅行历时14年，其中的危险艰辛自然是世人所不能想象的。

1840年12月8日，利文斯通乘坐“乔治亚”号前往南非。前往南非可不是件容易的事，不仅航程漫长，恶劣的天气让船只能走走停停。利文斯通用了大半年时间，历经千辛万苦，终于在1841年7月31日来到了民风还算开化的库鲁曼（南非的城镇）。

在这里，利文斯通开始刻苦学习当地语言，为之后的探索传道做准备。利文斯通在这里还行使了“白衣天使”的职责，进行了几个切除肿瘤的手术。这下，他的名声传播出去了，周围几百千米范围内都有病人前来就医。

1841年9月，利文斯通决定迈出库鲁曼人的领域，前往北边的部落。他觉得能成为一个拓荒先锋，才是自己最有效率的付出。于是，他一面加紧学习土著的语言，一面仔细规划着新的探险。

出发前，利文斯通写下这次探险的目的：“不是主教式的高贵巡礼，而是前往非洲未知的部落。讲他们所讲的语言，听他们所说的故事，过他们所过的生活，了解他们的思考方式，并医治病人，建立学校，成立布道所，排解部落之间的纠纷。”

1843年2月，利文斯通抵达了贝克哈特拉，向贝克文族人进行讲道布施，并和他们的大酋长——年轻的西比卫结下了深厚的友谊。

1843年6月，利文斯通听说附近有贝曼瓦多人，于是他离开贝克哈特拉，前往该地。前往贝曼瓦多人聚居村落的道路是一段上坡路，利文斯通乘坐的牛车行走在松动的沙石坡上，不断往下滑。利文斯通只好舍弃牛车，骑牛前往。牛的皮肤比较光滑，利文斯通从牛背上掉下来好几次。后来，他索性下来走路，从此开启了他30多年步行走遍非洲的历程。

在贝曼瓦多人那儿布施一段时间后，利文斯通又来到40多千米外的巴卡阿人的村落。在这里，他因为保护当地土著人和雄狮进行了搏斗，从而成为巴卡阿人永远的朋友。

利文斯通和狮子搏斗的经历不止这一次——1844年1月，西比卫酋长将其部落搬到了玛波塔撒，利文斯通率队伍也前往了该地。在西比卫的一次猎狮行动中，利文斯通被狮子咬伤了左胸和左肩。

1845年1月2日，利文斯通和第一个进入非洲的教授之女——玛丽在玛波塔撒结了婚。而利文斯通一生的好友——当地的酋长西比卫和他的妻子也在夫妻俩的祝福中进行了洗礼，成为了虔诚的基督教徒。

1847年，玛波塔撒出现了严重的旱情，酋长西比卫打算带着族人迁居位于林波波河北端的克罗本——相传，那里有一处永不枯竭的水源。利文斯通夫妇跟随酋长同行到达了克罗本，在那里建立了学校和教堂，进行教学和传道。

在教学和传道中，利文斯通还特别注意方法。比如，他发现有些惯用的词句，非洲的土著人是无法理解的，例如“上帝的真光会照明人心中的黑暗”这句话，因为他们搞不清“照明”的意思。利文斯通细心地观察土著人的生活，他解释道：“上帝的真光会照明人心中的黑暗，如同我们拿条鞭子赶出躲在草丛中的大犀牛。”这下，当地人就明白了，后来在祷告会里，常有土著人祷告道：“求主赶走躲在我心中的大犀牛。”

利文斯通听说卡拉哈里大沙漠并非辽阔无际的一片沙土，传说在沙漠北边有个恩加米湖，但从来没有外人抵达那里。为了把荣耀的福音传给那里的人，利文斯通决定进入卡拉哈里大沙漠。1849年6月1日，他带着一支由25名贝克文人组成的探险队出发了。

探险队进入卡拉哈里沙漠后，大地像是一盘被烤焦的豆子，到处都是一望无际的沙，连最有经验的向导也不太确定路程。地面非常松散，牛车的轮子也经常陷入沙中。缺水使人疲乏，疲乏使人想睡觉，可一旦睡着很可能就再也醒不过来了。然而，在最关键的时刻，有个队员喝了水桶里的水后，忘记关好水桶的开关。第二天上午发现时，水桶里的水全漏光了。对探险队而言，水无比重要，每个队员都必须节省地喝每一滴水，而因为这个队员的疏忽，其他人面临丧命的危险。当众人把这个粗心的土著人团团围住，要将他置于死地时，利文斯通为他说情，保住了他的命。接下来的时间里，大家喝过满布昆虫的水、污浊的水、犀牛小便过的水池里的水、上面漂浮着水牛粪便的水。

卡拉哈里沙漠

经过两个月的步行，走了500多千米，1849年8月1日，众人抵达了传说中的恩加米湖。恩加米湖的北边有条河流名叫奥卡万戈河。利文斯通听说河的北边有一个更大的部落——马可洛洛族。利文斯通立志要把福音带给那里的土著人，所以探险队再度上溯恩加米湖，果然在北边找到了非洲第四大河——奥卡万戈河。后来，探险队找到一条约100米宽的多加河，可以进入马可洛洛族的村落，但多加河里遍布鳄鱼，当地的土著人不敢进入，连木船也拒绝外借。

后来，利文斯通从好望角买来一艘铁壳船，才成功地越过鳄鱼满布的多加河。之后的行走途中，探险队遇到了一片一望无际的芦苇林，这是此次探险过程中最艰难的一段。根本没有路，大家只好边砍芦苇边走，但走了三天仍未走出芦苇林。正当大家几乎要绝望的时候，利文斯通看到了一只犀牛，这证明附近一两千米内有水域，探险队小心翼翼地跟在犀牛后面，犀牛庞大的身躯也为后面的人开出一条便道，这才走出了芦苇林。

1851年6月24日，探险队终于抵达马可洛洛族的村落，并且见到传说中的大酋长瑟必多安。在那里，利文斯通努力学习马可洛洛语，并传福音给周围的人。他还努力寻找着进出非洲内陆的最佳通路，期待能在经济、政治上改善土著人的生活，并将土著人从为奴的深渊中拯救出来。

1852年11月11日，为了给闭塞的非洲内陆寻找出路，利文斯通再一次深入了非洲腹地。经过探险，他再一次给非洲人民带去了福音——1854年5月31日，他的探险队终于抵达海边的罗安达（罗安达是英国的军港。1833年，英国议会通过废除奴隶制度时，就派驻军检查过往船只有无运载黑奴），成功开辟了一条从非洲大陆深处直达海滨的通路。这是有史以来第一次有记载的从南非斜穿过整个非洲大陆到达非洲西海岸的旅行。这条道路的开通对于非洲人民而言，不亚于丝绸之路对世界贸易的影响。也正是由于这条道路的开通，文明的种子终于能够在非洲大陆上生根、发芽、开花。

从1840年到1854年，经过14年，利文斯通终于完成了他在非洲的伟大探险。14年间，利文斯通走遍了非洲大陆，绘制了许多地图，并且还详细地记载了非洲当地动植物的体貌特征、生活习性，为科学家研究非洲的生态提供了宝贵的第一手资料。

因为这次探险，非洲大地上的部落、族群发生了改变，基督教也得到了更为广泛的传播。所以说，这次探险不仅仅实现了利文斯通本人自身的价值，而且为整个非洲人民做出了巨大的贡献。

1873年5月1日清晨，在非洲内陆一个荒僻的地方，人们发现利文斯通在床前死去。热爱他的非洲人，把他的心脏取出，葬在其坦波斯的一棵慕乌拉树下，并把他的名字刻在树干上，以作纪念。他们哀痛一番后，便用帆布和树皮包裹用盐腌过的尸体，抬着步行1500多千米到非洲的东岸，再运回英国去，其后下葬于西敏寺。从此，其坦波斯被称为“非洲的中心”，因为其坦波斯不仅刚好是非洲大陆的中心点，而且最爱非洲人的一颗心，也葬在那里。

这位非洲的福音传播者在他为之奉献了一生的非洲永远地离开了人们。在他的墓旁，世人刻下了三个词语来总结他的一生：“基督教”“通商”“文明”。

是的，对于非洲大陆上的人民而言，大卫·利文斯通就是一名伟大的基督教传播者、一位文明的开创先驱和为他们带来福音的使者，还是一位解放者——正是由于利文斯通的不懈努力，世界最终迎来了黑奴的完全解放。他的事迹将永远被世人所传颂，他无私的奉献精神和伟大的探险精神也将影响一代又一代的后人。

27 纵穿塔克拉玛干大沙漠

◇ ……………………

新疆史称西域，位于我国边陲地区，有着丰富独特的自然地貌，蕴藏着深邃神秘的文化底蕴，创造过辉煌璀璨的历史。

由古至今，人们对新疆的探索都未曾停歇，西汉时期我国古代伟大的探险家——张骞，曾两次出使西域，历经数十载，足迹遍布中亚、西亚、南亚等多个地区，打开了中国与中亚、西亚、南亚及欧洲等国交往的大门。到了东汉时期，班超出使西域，经营西域30年，大大巩固了我国西部边疆，不仅促进了各国之间的经济文化交流，也为后来打通欧亚交通做出了重大贡献。唐朝时期，一代名僧玄奘只身离开长安，西行求法，途经西域、中亚的众多国家，历程五万余里，直至到达印度，促进了各国之间的文化交流。

16世纪末到18世纪，一些初到东方的欧洲商人、传教士和游历者记录了一些关于东方各国的风土人情。到了19世纪，欧洲确立了

“东方学”，开始对东方国家进行考古发现，对东方古代铭文进行深入解读。19世纪是一个探险家和发明家勃发的年代，人类对自然世界深入探索的欲望愈发强烈。其中，丝绸之路所经过的西域是各界关注的热点，它吸引了众多外国探险家和考察者，人们纷至沓来。正是在这样的情况下，美丽神秘的新疆进入了世人的视野。

1890年，瑞典探险家斯文·海定踏上了新疆这片陌生而神秘的土地，开始了他的沙漠绝域之旅。因此，斯文·海定也被称为推开新疆现代考古大门的人。

斯文·海定在新疆的探险之路每一步都是新的，每一步都是在刷新纪录，创造奇迹。因为那样的边陲之地是西方人从来没有到过的，他要做第一个踏遍新疆的西方人。

斯文·海定铜像

对于斯文·海定来说，中国新疆是让他实现梦想、名垂青史的地方，而他梦想的摇篮却是一座被誉为“北欧之都”的都市——瑞典首都斯德哥尔摩。1865年2月19日，斯文·海定出生在这里，他似乎是一个天生的探险家，自小便热爱探险一类的书。书里人们的探索精神和迷人的未知世界深深吸引了斯文·海定，求知探索的欲望在他的心中掀起狂风巨浪，使他对遥远而真实存在的未知世界有了一种深入灵魂的迷恋。在目睹瑞典极地探险家诺登舍尔德载誉归来的盛况后，斯文·海定的心更是无法淡定了，他也梦想着有朝一日能到一个别人都没有到过的地方进行探险。

中学毕业后，斯文·海定得知有机会到遥远的巴库做家庭教师，这似乎是未知的世界在向他招手，邀请他走进更精彩的世界。斯文·海定得到了这份合同，毫不犹豫地踏上了离乡之路，第二年家教工作的合同期满，他用积攒的所有的薪金当路费，到波斯及中东进行了首次考察旅行。这次自费考察旅行拉开了斯文·海定探险人生的华丽篇章，也开启了他的探险事业。斯文·海定被广袤的亚洲腹地深深吸引，他毅然决定此生就在亚洲探险，然而探险生活繁忙而辛苦，甚至使他无暇娶妻。对此，斯文·海定并不遗憾，他曾经自嘲地说，我已和中国结婚了——直至去世，斯文·海定都没有结婚。

1890年4月，斯文·海定出任瑞典王国外交使团的翻译，圆满完成任务后，在国王的支持下，开始了他在亚洲的第二次探险旅行。

1890年到1935年，斯文·海定先后五次进入中国，他曾两次穿越塔克拉玛干沙漠，揭开了沙漠腹地的面纱。塔克拉玛干沙漠位于新疆南疆的塔里木盆地中心，这是中国最大的沙漠，同时也是世界第二大流动沙漠。

每一次沙漠探险，斯文·海定都面临着大自然的极限挑战：沙漠中缺乏饮用水，而且天气恶劣多变，环境复杂难测。这一切，无一不需要坚定的信念去克服。在斯文·海定穿越塔克拉玛干大沙漠的时候，几乎葬送了整个探险队——由于自身的经验和对考察区域的了解不足，他在启程前的装备准备得并不充分，他带上了充足的干粮，带上了精密的仪器，甚至带足了为应对突发状况的防身武器，却忘记了带上足够的饮用水。这是斯文·海定犯下的致命错误，当他们耗尽了最后一滴饮用水后，探险队陷入了恐慌。为了生存，他们甚至尝试饮用人尿、骆驼尿、羊血、鸡血等一切可以为自己补充水分的液体。他们最终丧失了全部骆驼，牺牲了两个驼夫，放弃了绝大部分辎重，遗失了两架相机和1800张底片，从此，塔克拉玛干沙漠被斯文·海定称为“死亡之海”。

塞翁失马，焉知非福！斯文·海定从灭顶之灾中获取了受用终生的教益。此后的探险途中，他用铅笔速写代替照相，竟然造就了一个极具个人特点的画家，一生留下了5000多幅画。有了因为缺水差点丧命的教训，斯文·海定此后常常选择冬天携带冰块进入沙漠，彻底解决了缺水的恐慌。

1896年1月，斯文·海定在塔瓦库勒装备了驼队，向东穿越沙海。1月23日黄昏，驼队来到一片久无生机，到处是枯树的废墟，这就是当地人所说的丹丹乌里克——象牙房子，整个遗址气势恢宏，建筑规格不同寻常。这个远离近代绿洲带的沙漠古城，曾是古国于阗的重镇。它的存在至少证实，千年之前塔里木的沙漠绿洲格局与今天迥然不同。丹丹乌里克对再现中国古代西域文明发展程度最高的塔里木河流域古城邦具有里程碑意义，后来海定还探访了通古孜巴斯特的原始村落，由南向北纵穿了塔克拉玛干大沙漠。

长期的探险生活非常人所能忍受，斯文·海定对探险的热情却丝毫不减。他积极探索，努力发现，认真记载，悉心研究，将自己的一生献身于考察事业，积累了大量科学考察资料，写作了很多珍贵书籍。

更难能可贵的是，斯文·海定还保持着积极乐观的心态。在自己的作品里，他用诙谐优美的文字和质朴有趣的素描，记录了一桩桩生动有趣的逸闻趣事，向读者述说了他在探险路上的所见、所闻、所感。这些积极乐观的表达方式体现了斯文·海定有着一颗勇于探索、青春勃发的心，并有着极强的生命力，感染着世人，也给世人带来了深远的影响。

斯文·海定在工作现场

斯文·海定深深热爱着中国的古老文明，他的中国情结始终贯穿于他的探险生涯。他对楼兰古城的发现、在塔里木地区的考察、对罗布泊游移说的提出、对中国的新疆和西藏部分地区的研究等一系列贡献都在国际学术界引起过重要的影响。在他辉煌传奇的一生中，亚洲印记是他生命中最为浓重的一抹色彩。在他的祖国，他的名字不仅路人皆知，而且为人们所热爱崇敬，名声一点不逊于诺贝尔。

28 把船冻在冰上漂向北极

◇

19世纪是一个探索与发现的时代，人类思想的解放大大加速了历史的车轮的推进，我们也因此更加勇敢，迈出了更大的步伐，走向了更多未知的领域……

北极，犹如一位孤傲冷艳的女王，站在高高的纬度上，向其他较低纬度上的板块散发着迷人而神秘莫测的魅力，似乎是在吸引着陆地上的人们前去一探究竟。

弗里乔夫·南森，一位天生的探险家，他年轻时勤奋好学，成绩优异，27岁获哲学博士学位，同时兼任卑尔根博物院动物学馆长。

1888年，为了对尚未为人知的格陵兰岛的内陆进行勘查，南森建议滑雪横越格陵兰。然而，他这一提议不为世人所理解，很多人认为这是沽名钓誉的鲁莽举动。世人的轻视反而坚定了他的信心，他最终同5位助手乘坐一艘海豹捕猎船登上了荒凉的格陵兰的东海岸。一路上，他们战胜了种种意想不到的困难，翻越了一个又一个覆盖着格陵兰大部分内陆的光秃秃的冰帽，经过600多千米的长途跋涉，在这一年的10月终于精疲力竭地抵达了目的地——格陵兰岛西海岸的戈德霍普港。第二年春，他回到挪威，国人的态度一下子就改变了，因为他做到了前人从未做过的事，他是一个英雄。

格陵兰探险让南森积累了丰富的极地探险经验，而他也有了新的目标——北极。与之前的北极探险家不同，南森计划专门建造一艘船，让其在西伯利亚的海面上封冻，然后向北漂移越过北极，并用这个机会探索广大北极地区，这个航程约需 2~5年。虽然这个计划在常人看起来有些疯狂，甚至不靠谱，但由于南森在上一次探险中的神奇表现，人们对他寄予厚望。他这个新颖独特的方案可能会使挪威人成为第一个到达北极的人，那将不仅仅是南森个人的事，而将是整个挪威的骄傲，于是挪威人纷纷解囊资助，甚至国王奥斯陆也为此捐献了2万克朗。这样一来，资金问题就解决了。

资金解决了，下一步就是制造符合这次特别探险要求的船，这艘船必须经得起流冰的碰撞。为此，南森与著名的苏格兰造船家科林·阿切尔共同设计了一艘粗短而坚固的船，这艘船的船头、船尾和龙骨都做成流线形，使冰块无法抓住船的任何一部分——当冰块一向船压过来，船将被冰的压力抬起来，而不是被压碎。因为在北冰洋上航行，怕的不是夏季冰雪消融时散缀在北冰洋外缘的流冰，而是杂陈在北极附近的巨大的浮冰块。它们顺流漂移随潮上下，时而冻结，时而分离，互相挤压，不是经过特殊设计的船只是经不起这种冰的压力的。

这艘新设计的三桅帆船被命名为“前进”号，船长39米，能容纳13个人和够5年用的燃料和食物，随船还配备了一台蒸汽机作为补助动力，船上还装有一台可由轮机、手摇或风车带动的发电机，供在北极圈内过冬时使用。在荒无人烟的海洋上，“前进”号就像一个温暖安逸的摇篮。

第二步工作就是选择合适的探险成员，这些成员应该是高级的海员和科学家，当时报名者有上百人，最后确定了13人。之后，准备好了供应品和设备；征求专家们的意见，制订出详尽的探险计划；在西伯利亚的一些海岛上设立应急食物供应站，在一个集合点准备好34条拉雪橇的狗，以备不测。9个月后，这些准备活动才完全就绪，因为这是一件万人瞩目的大事情，准备工作越充分越好。

南森与挪威北极探险队员

1893年6月24日，“前进”号终于扬帆起航了。

然而，尽管“前进”号制作精良，前期各项准备充足，可探险之路又岂会一帆风顺。“前进”号载着勇敢的船员们迎着疾风恶浪向东行进，小心翼翼地躲避着漂浮而来的浮冰。当他们向北行进时，越来越多的融冰浆发挥了他们迅速冰冻的威力，好似冰雪皇后派来的先头部队，把“前进”号围困了起来。此时的“前进”号举步维艰，它不屈地挣扎着，船体和碎冰之间摩擦出了巨大的声响。

南森深知自然力量的强大，倘若无法与之抗衡战胜它，那么就得学会利用，以力借力或许还能为自己和船队寻得一线出路。他仔细观察冰面的状况，从层层的浮冰群中找到一个缺口，他命令把船头朝向冰堆驶去，后来冰把船抬起来——“前进”号不但没有被冰层压迫、碾碎，反而乘着冰漂向北极，继续着自己的使命，船上的船员们也因此拥有了一段较为惬意的北极之旅。

海流推动着“前进”号缓缓前行，也消耗着无涯的时间和南森有限的耐心，他不知道以这样被动的方式何时才能到达目的地，他认为自己的探索应该是主动的发现和积极的拼搏而非在舒适中等待、在消极中盼望。他以一位探险家的精神做了一个更加大胆的决定——离开“前进”号的庇护，带上充足的装备和同伴约翰逊踏上新的极地冰原的征程。

这一天是1895年3月14日，一个值得纪念的日子，他们勇敢地离开“前进”号，那时他们所在的位置距离北极只有563千米，在此之前从未有过一艘船这样靠近北极。

他们似乎看到了胜利的曙光，在一望无际的冰原上奋力前行，似乎成功就在脚下，一步一步更加接近了。然而，没过多久，他们的脚步在迷宫般的冰脊面前停滞了，他们要像翻越山丘一样带着行李翻越冰脊和冰包，即使滑着雪橇也只能滑上一会儿，然后花上更大的力气解决雪橇翻车的问题，筋疲力尽的他们还未曾想到更大的问题还在后面呢……

尽管他们每天都在坚持不懈地前进，已经与北极相当接近了，然而随着春天的来临，冰雪消融，冰原移动了！当他们晚上通过天上的星星测算自己的位置时，发现尽管自己一直向北跑，而脚下的浮冰却在给自己拖后腿一直向南移，这样一天的辛苦就几乎白费了。面对大自然的强大力量，无奈之下，他们只得妥协，放弃他们的极地之旅，毕竟他们已经创造了伟大的纪录。

在极地绝域，想要安全离开也并非易事，南森和他的助手约翰逊在返航的途中迷失了方向。他们无法离开脚下的冰原，而春天的步伐却在步步紧逼。在冰天雪地的北极，春天的到来并不受欢迎——脚下原本坚实的地面因为气温的升高变成雪浆，双腿陷在雪浆里步履维艰，雪橇更是寸步难行，兽皮船则会被未融化的冰碴儿划破。

南森他们只能选择更加辛苦但却安全的方式迂回前进。直到1895年8月7日，他们才从冰原上到达海边，然后改乘兽皮船驶向法兰士约瑟夫地群岛，在那里他们度过了一段难忘而愉快的时光。他们两个在岛上避风的地方盖了一座石砌的小房子，用苔藓堵塞壁缝，用不透水的厚海豹皮做屋顶。他们又去捕猎海豹，用海豹皮做遮风御寒的衣料，用海豹的膏油做燃料；他们还去捕猎北极熊，解决了一冬的食物和用作垫褥的熊皮。由于整日无所事事，而吃的尽是营养丰富的熊肉汤和煎熊排，结果他们都长胖了。

在这里，他们既为勘测研究收集了大量的标本和数据，也被大自然的美丽风光深深吸引，更被自然赐予人类的丰富资源深感敬畏和感激。在杳无人烟的岛上他们度过了北极的第三个冬天。

时间到了5月，他们终于整装待发，重新起航，在他们的心里无时无刻都惦记着“前进”号上的同伴们。如大家所料，归途依然并不顺利，谁也不知道意外和惊喜哪个先到，但这次，意外和惊喜都没有失约，南森和约翰逊的船因意外受损不得不就近停靠在一个陌生的小岛上，而就在这个小岛上，他们遇到了英国北极探险家弗雷德里克·杰克逊。

杰克逊是准备探索一条抵达北极的陆上通道的，能在这里遇上南森他也觉得特别惊奇，于是南森和约翰逊就搬进了杰克逊的营地，在这里舒舒服服地过了几个星期，最后搭一艘来自挪威的货船回国，国内人们原以为他们早就死在北冰洋了。

南森回国一个星期后，“前进”号也安全返回，正如南森预料的那样，“前进”号后来继续随着洋流漂移，尽管最后偏离了北极，但还是安全地通过了北极海区。

一场精彩、成功的冒险就此画上了圆满的句号，弗里乔夫·南森作为此次探险的灵魂人物，他用自己的智慧、勇敢和坚持不懈的精神，不仅实现了自己的人生理想，证明了极地洋流理论，还挑战了人类的极限，使人类的脚步踏入了更远更广的地域，为人类的视野打开了一扇更深远的窗户，带给了人们无穷无尽的精神财富。

弗里乔夫·南森并没有到达北极点，他留下了遗憾，也为后来的探险家留下了希望。到19世纪末，地球上没有被征服的地方已经不多了，北极点这块“处女地”成了大家追逐的重要目标。在新一轮征服北极点的竞争中，民族荣誉感与体育冒险精神已经超过了商业利益。

徒步征服北极点的光荣，归于美国探险家罗伯特·皮尔里。他在23年的时间里多次考察北极地区，终于在1909年4月6日上午10时把美国国旗插在北极点的海冰上。1937年，两个苏联人乘飞机第一次在北极点降落。1958年，美国的核动力潜艇从冰下第一次穿过北极点。1959年，美国潜艇“鹦鹉螺”号第一次冲破冰层，在北极点浮出水面。1969年，一个英国的探险队乘狗拉雪橇从巴罗出发，也到达了北极点。1977年，苏联破冰船“北极”号第一次破冰斩浪，航行到了北极点。2010年8月20日，中国第四次北极科学考察队成功到达北极点，并随后进行了科学考察作业，使中国对北冰洋的考察范围延伸到地球的最北端，说明中国的北极科学考察能力在不断提升。

29 意外发现楼兰古国

◇……………

在我国新疆罗布泊西北岸，有一片地域荒无人烟，风沙漫漫，寸草不生。而一座曾在丝绸之路上繁盛一时的古老重镇被历史的风沙潜藏于此。

1900年3月，在我国的罗布泊地区，一支庞大的驼队在沙漠中缓慢行进着，长时间的光照和饮用水的短缺一度让这支考察队伍停滞不前。当大家来到一处可掘到淡水的地方，打算掘井取水时，队伍中一位名叫艾尔迪克的向导异常惊慌，似乎发生了一件比在荒漠中迷失方向更可怕的事情……他跳下骆驼，向这支队伍的核心人物——瑞典探险家斯文·海定跑去，尽管眼前这位探险家已经陷入考察工作的僵局，但艾尔迪克依然把遗失工具的事情汇报给了这位白人老头。

斯文·海定很清楚在沙漠考察中工具的重要性——没有掘取水

源的铁铲就相当于失去水源，面临生存的危机。于是，他果断派艾尔迪克立即只身返回寻找，整个队伍就地休整。

沙漠中地面被太阳晒得滚烫，艾尔迪克独自在千奇百怪的雅丹地貌上行走，寻回工具绝非易事，尽管他是位经验丰富的维吾尔族向导，但风沙肆虐的威胁随时都有可能发生。天色渐暗，夕阳拉长了他疲惫而又孤单的身影，汗水迷离了眼睛，他恍惚而又眩晕，一度产生了绿洲和水源的幻觉。一股强大的危机感迫使他在天黑前一定要找到铁铲回到营地，否则后果不堪设想。还好，艾尔迪克有着多年在沙漠行走的经验和丰富的自然知识，最终及时找到了铁铲。

在返回营地的途中，艾尔迪克还没来得及庆幸自己顺利寻回铁铲，就被身后的黑影所湮灭，他意识到沙漠中最险恶的魔鬼——风暴正向他侵袭而来，他甚至来不及回头，就随着呼啸的鸣沙声陷入了风暴之中。遮天蔽日的沙尘让刚才烈日的余晖转瞬即逝，艾尔迪克非常明白风暴的破坏力，他的经验告诉他，沙漠中比水更重要的是淡定、顽强和智慧。

一阵风吼沙飞之后，艾尔迪克慢慢地从一座拱起的土山丘后爬起身来，他拍拍身上的沙土，看着眼前截然不同的一番景象，陌生的地势，熟悉的沙尘，太阳的余晖已经熄灭，只有微弱的月光在夜空挣扎。经历风暴后没多久，艾尔迪克借着微弱的月光在荒漠中寻找方向，竟然发现一座古城的残垣断壁：依稀有致的街道、层层叠叠的房屋，甚至还有烽燧。艾尔迪克被眼前的景象惊呆了！甚至以为自己看见的是海市蜃楼的虚幻场景，他拍了拍脸上的土，擦亮眼睛，定睛一看，没错，这就是一座古老城邦的遗址。

一次遗失工具，竟然意外地发现了一个遗址，艾尔迪克兴奋起来，他立即回到队伍休整的营地，把自己的重大发现告诉了斯文·海定。为了证明自己所言非虚，他把在废墟捡到的木雕制品的残片给斯文·海定过目。斯文·海定见后惊喜不已，立即带领大家循着艾尔迪克指引的方向来到了这座古老城邦的遗址。之后，斯文·海定决定对这座半掩面纱的古城进行深入了解。

次年，斯文·海定带着准备充足的队伍再次来到这里，开展了大量的挖掘和记录工作，陆续发现了钱币、丝织品、粮食、陶器、写有汉字的纸片、大量竹简和毛笔等物品。根据这些挖掘而来的物品，专家推定这座古城就是在历史上辉煌了近500年而后神秘消失，曾作为丝绸之路上重要交通枢纽的楼兰古国！

神秘的楼兰古国以其绚丽悲壮的姿态再次闯入人们的视野，斯文·海定盛赞它为“沙漠中的庞贝城”。

楼兰故城遗址

“楼兰”一词最早见于西汉司马迁所著的《史记》。据《汉书·西域传》记载：“鄯善国，本名楼兰，王治扜泥城，去阳关千六百里，去长安六千一百里。”楼兰国，古时也称鄯善国，在汉时居于汉朝和西域诸国之间的交通要道，是西域一个著名的国度，有着14000多人口，士兵将近3000人。在汉武帝与匈奴征战期间，因为楼兰位于塔里木盆地的东端，扼西汉通往西域的要冲，在汉与匈奴争夺西域控制权的过程中，楼兰的取向具有相当关键的作用，是左右双方力量的重要砝码。因此，楼兰的地位非常重要。然而，一座如此重要且具有灿烂文明和丰富历史的国度为何会瞬间淹没在历史长河之中，成为大漠荒原中一颗失落的遗珠呢？众多学者们还在不懈地努力探索和挖掘之中……

对于楼兰之所以成为一座失落的古城，人们众说纷纭。有人说是因为战争，在王昌龄的《从军行》中曾有言：黄沙百战穿金甲，不破楼兰终不还。也有人认为是因为丝绸之路北道的开辟，经过楼兰的古道被废弃，楼兰失去了要道地位，往日的风光不再，便被弃之遗忘。有人说楼兰的消失与自然环境的日益恶化有关。据《水经注》记载，东汉以后，由于当时塔里木河中游的注滨河改道，导致楼兰严重缺水。楼兰人为延续水资源做了很多努力，但最终还是因为断水不得不离开楼兰。也有人认为楼兰是被一场凶险的瘟疫所侵袭，导致人们匆匆离开楼兰，甚至来不及带走财务，就被迫离开家园，寻求生机。《汉书》中曾用“地沙卤少田，寄田仰谷分国。国出玉，多葭苇（芦苇）、枝柳（红柳）、胡桐（胡杨）”来介绍楼兰的生态环境。但随着罗布泊的干涸，曾经水丰优渥的宜居环境变成了荒芜的沙漠，因此也有人认为楼兰的消失与罗布泊的变化有关。

千里大漠，孤影斜阳，一骑黄沙踏着尘世的烽烟乘风而去，阵阵驼铃似在吟唱那古老神秘的传说，人们对于这座地下宫殿的探索依然在继续……一花一世界，一叶一菩提，透过破碎的记忆，我们依然能感受到历史文明根植于大地灵魂的脉搏，因为我们也是这历史尘埃中的一粒……

30 抢先登上南极大陆

◇

南极大陆是地球上最后一块被人们发现的大陆，所以又被称为第七大陆。虽然同属极地，但南极却比北极更加寒冷，整个南极大陆被巨大的冰层所覆盖，在这块面积超过1400万平方千米无人居住的大陆上，常年平均气温在-25℃以下，冬季最严寒的时候气温甚至常常低于-60℃，这比北极冷了近30℃。所以说，南极才是当之无愧的极地之域。而且，南极常年刮着强劲的大风，更是让这片白色的荒漠成了无人亲近的死亡之地。

在探险大潮的推波助澜下，北极被人类征服，南极这块“处女地”便成了极地探险家们眼中的必争之地。

1910年6月，罗伯特·法尔肯·斯科特从英国出发去南极探险。虽然他曾是第一批穿过南纬80°的人，在英国人民心中早已是伟大的探险英雄，但他仍然为这次到达南极极点的探险，从物资补给到经验学习，做了多年的筹备工作。难以预测的极地挑战让他不敢有丝毫的懈怠。除此以外，在他向南极进发后不久，也遭遇了强大的竞争对手——罗尔德·阿蒙森，他们有着共同的目标：率先到达南极极点，在那里插上自己国家的国旗，得到南极探险第一人的荣誉。

起初，阿蒙森的目标并非南极极点，而是北极极点！在1909年，他一心为到达北极极点的目标筹备着。可就在这年4月6日，美国海军上将罗伯特·皮尔里已经率先达到北极极点，这意味着北极最后的制高点已经被人类征服。得知这个消息的阿蒙森，因为无法成为第一个到达北极极点的人，多少感到了些许的遗憾。作为一名探险家，阿蒙森从来都不缺乏挑战极限的机会，即使失去了第一个到达北极极点的机会，还有南极极点等着他。所以，他暂时放弃了进军北极极点的计划，决心向新的目标——南极极点进发。

1910年8月，阿蒙森驾驶由弗里乔夫·南森提供的“前进”号从挪威出发，开始了自己的南极探险之旅。尽管他知道斯科特在两个月前已经出发了，目标同样是南极极点，但他还是信心百倍，坚信自己才是世界上第一个到达南极极点的人。阿蒙森不仅信念坚定，而且颇有头脑，他并没有向世人宣布自己的目标是南极，而是说自己要前往白令海峡。当时，船只为了通过白令海峡必须绕道合恩角。因此，当“前进”号驶向南方时，没人猜测他已经改变了计划，先行一步的斯科特依然不紧不慢地前进着。

不过，纸总是包不住火的，斯科特最终知道了阿蒙森也将前往南极极点的计划，一场残酷的极地竞争旅程就此拉开序幕……

阿蒙森无法像斯科特那样沿着他的英国同胞沙克尔顿在1908年标明的路线前进，他的每一步都是未知而艰险的，对于地形，对于环境他无从知晓，唯一的优势是：阿蒙森所在的鲸湾与斯科特的出发地点麦克默多海峡相比距离南极更近一些。在鲸湾建立营地后，1911年10月19日，他们离开营地。阿蒙森和四位同伴开始了极地冒险的终极之旅，他们学爱斯基摩人那样穿着毛皮衣服，跟在四架由极地犬拉着的雪橇后面，由13条狗拖行。为了防止在广袤的雪域荒原迷失方向，他们每隔一段距离就会在雪地上插一个标竿。

冰原上的阿蒙森

然而，阿蒙森他们越靠近目的地，所面临的危险和难度就越大。他们一路向南行，前方不是冰缝就是陡坡，每前进一步都异常艰辛，他们与南极点似乎相隔咫尺，却又远隔天涯，这一步之遥的距离逼迫着阿蒙森做了一个艰难的决定，他凭借着过去积累的丰富的极地探险经验决定：把24条体弱的狗杀掉，让剩下的身强力壮的狗拖着三架雪橇前进。路上只带两个月的口粮，以确保他们能够轻装上阵，向南极极点全力冲刺。虽然一路艰险不断，但相比斯科特而言，阿蒙森还是顺利得多。

斯科特在1911年11月1日带着一队人马离开了自己的宿营基地，前往南极。他并没有像阿蒙森那样重用耐寒能力强的极地犬，而是以西伯利亚矮种马和拖拉机为主要的交通工具。马无法适应南极高原恶劣的环境，最后大多因为体力不支而被冻死在了冰原上。拖拉机也因为气候的原因，使得焊锡在低温下变成粉末状，导致煤油流失，最后只能成为一堆废铁。唯一的机械动力也无法助斯科特等人一臂之力，斯科特一行人在冰天雪地中孤立无援。最后，他们只能依靠人力拖着笨重的雪橇步行前进。疯狂肆虐的暴风雪几乎要将他们撕碎，他们的每一步都走得十分艰难，队员们为此消耗了大量的体力，南行的进度也因此大打折扣。

1911年12月14日，阿蒙森抵达南极，他在那里进行了观测研究。一个多月后的1912年1月18日，斯科特才姗姗来到。当斯科特看到阿蒙森留下的旗帜时，他难掩沮丧之情，强烈的挫败感让他和他的队友感到彻骨的寒冷和无以名状的失落。他们不曾想到，更加不幸的事情还在后面，在返程的路上，他们身心俱疲，南极严寒的天气提前到来，斯科特和他的队友们忍受着长时间的饥寒交迫，最终因为体力不支，被永远地留在了冰雪之中。后来，当人们发现他们的遗体时，在他们身边的袋子里依旧装着用于科学研究采集而来的各种化石标本。可以想象，当他们在身心疲惫、极端危险的情况下，即使到了生命的最后一刻，作为探险家和科学家的他们依然没有放弃这些珍贵的科研资料，他们为人类进步做出的伟大贡献和巨大牺牲，永远值得后人尊敬。

而阿蒙森一行人则幸运得多，他们平安地从南极点返航。而且从南极归来后，阿蒙森并未长久地沉醉在人们的赞誉和胜利的欢愉中，他将目光瞄准了新的目标——空中探索北冰洋！他曾在1925年尝试过使用水上飞机冒险旅行，后来在冰原上迫降，花费了三周时间才顺利返回斯瓦尔巴德群岛。有了这一次的经验，到了第二年的5月11日，阿蒙森、埃尔斯沃思和诺彼勒乘坐“诺加”号飞艇，从孔格斯峡湾起飞，经过16小时40分钟的飞行顺利降落在北极点，并继续飞行了72小时，在5月14日的早晨到达了美国阿拉斯加。这一伟大的飞行旅程全长5460.3千米，经过了很多在此之前人类所未知的地域，这是人类首次从欧洲穿越北冰洋继而到达美洲的飞行。因为这次旅行，阿蒙森成了第一个到达过“双极点”（北极点和南极点）的探险家。

1928年5月，曾经成功设计建造了“诺加”号飞艇的诺彼勒，又建造了一艘名为“意大利”号的飞艇。在5月24日这天，诺彼勒顺利到达了北极点，从飞艇上俯瞰银装素裹的北极地区，飞艇上的人们兴奋不已，那难得的视野和震撼的景致，让人惊叹不虚此行。在“意大利”号的返航途中，意外发生了！飞艇急速漏气，重重地坠落到冰面上，强大的撞击力把飞艇中的部分人抛出了舱外，飞艇内的人则随着漂浮的飞艇被大风吹得不知去向，只能等待救援。当阿蒙森得知“意大利”号飞艇失事后，立即表示准备前往救援。诺彼勒是他最重要的朋友，他认为自己伸出援手责无旁贷，在1928年6月18日这天，阿蒙森乘坐“拉姆”号飞机，前往搜寻“意大利”号。不久，“意大利”号探险队员全部获救，但阿蒙森所乘坐的飞机和5名机组人员却一直杳无音讯……

伟大的探险英雄就这样和同伴永远地消失在了寂静寒冷的极地，他传奇辉煌的一生是极地探险史上最浓重的一笔。

31 法老王的诅咒

在埃及南部，尼罗河西岸，距岸边7千米处沙漠的一片石灰岩峡谷中，3500多年前的埃及王室在这里修建安顿自己永生的帝王陵墓，60多座陵墓形成了帝王谷雄伟壮观的墓葬群。在60多位被埋葬于此的法老中，有一位古老而年轻的法老在历史上消失了3000多年，他的名字曾在仓促的葬礼后从墓碑上被抹去，3000年后又因为一个英国人而闻名于世。

这位法老名叫图坦卡蒙，他之所以能在3000多年后家喻户晓，并不是因为他的治国功绩，而是因为他的陵墓。图坦卡蒙是他8岁登基当上法老王后所取的名字，意思是“阿蒙的活形象”，阿蒙是古埃及的创世之神，众神之王。在当时，帝国处于风雨飘摇中，图坦卡蒙被寄予了更多的期望，他是那时埃及政权的代表和文明古国的象征，人们期待新时代的来临能够使帝国恢复昔日的辉煌。

帝王谷墓葬群景区

然而，图坦卡蒙这位年轻的领袖却英年早逝。在埃及漫长的法老时代，关于他的记载并不多，突然的离世使得当时的埃及人来不及为他修建豪华的金字塔陵墓，他的陵墓被“藏”在地下，也因此在很长的一段时间里，这座帝王陵墓都没能被发现。

让图坦卡蒙“重见天日”的是英国考古学家霍华德·卡特。

卡特对考古学有着满腔的热情，1890年，只有16岁的他就只身前往埃及。临行前父亲的叮咛还在耳畔，他无法忘记父亲对他的教育，更感恩于父亲对他梦想的支持。卡特到埃及不久便凭借着出众的能力和卓越的天赋成为现代考古学之父——弗林德斯·皮特里爵士的助手。1899年，25岁的他又被任命为开罗南部的古埃及奴比亚的遗迹监督官，不过这些并没有让卡特有个安定的生活环境，因为他生性顽劣，经常使自己的工作陷入瓶颈，让自己生活在穷困潦倒之中。

就在霍华德·卡特穷困潦倒的时候，英国的乔治·卡尔纳冯勋爵表示愿意提供资金援助，邀请他加入挖掘“皇帝谷”的队伍。

乔治·卡尔纳冯是一位地位显赫的英国贵族，因为经历了一场车祸来到埃及休养，百无聊赖的休养生活让他对这里的考古挖掘产生了浓厚的兴趣。而卡特又是一位考古学家，两人很快就成了朋友。卡特信心满满地告诉卡尔纳冯，说在帝王谷的某一处，一定有一座尚未被人发现的完整的帝王陵墓。尽管卡特的话没有什么证据，卡尔纳冯却决定为这位朋友的直觉买单，也为自己的眼光赌上自己的财富，就决定出资援助卡特到皇帝谷寻找远古帝王的陵墓。

在卡特的指挥下，挖掘工作从1917年秋天开始，由于埃及太阳毒辣，风沙肆虐，挖掘工作进行得很缓慢。卡特似乎很有耐心，他翻开帝王谷的地图，认为这里之前的挖掘工作并不科学，便将整个地区在地图上分成小格，然后一小格一小格逐步挖掘。

不过，尽管卡特信心满满，几年下来却毫无收获。唯一做的事就是将一堆石头从一处搬向另一处，但翻遍了所经之处的每一块岩石后依然毫无进展，前路迷茫。而几年时间的等待终于让卡尔纳冯失去了耐心，他决定中止这项遥遥无期且毫无起色的计划。

如果没有卡尔纳冯的资金支持，挖掘计划不可能继续进行，但卡特并不想就此放弃自己的梦想。晚上，工人们都睡去了，卡特在帐篷里却睡不着。窗外是如同废墟一般的沙土，静得让人绝望，卡特陷入了深深的沮丧之中，他开始怀疑自己当初的决定是否正确，开始怀疑图坦卡蒙的陵墓是否真的潜藏在这片帝王谷之中。

就在此时，一位好友的造访打断了他的思路，为他带来了探索前进的新动力。原来，这位朋友获悉曾经在帝王谷挖掘到的物品中发现了图坦卡蒙葬礼宴会留下的东西。这个惊人的消息犹如一针强心剂，让卡特相信图坦卡蒙的陵墓一定在帝王谷内，他觉得自己的坚持并没有付诸东流，一切都是有意义的。这个夜晚，因为这位友人的到访，卡特似乎看见了黎明的曙光。

卡特来到卡尔纳冯的居所，把这个振奋人心的消息告诉了他，甚至请求卡尔纳冯把挖掘的特许借给自己，自己出资继续挖掘工作。卡尔纳冯深知卡特不是有钱人，这笔费用对他而言并不轻松，虽然此时的卡尔纳冯对这个计划不再如当年般抱有极大的热情，但他对卡特的信任和欣赏却从未被时间所消磨，反而因为埃及风沙的“磨砺”让他对卡特产生了钦佩之意。为此，卡尔纳冯决定继续出资援助卡特的挖掘工作。

1922年，挖掘工作到了最为紧张的时刻，工人们积极而又谨慎地检查着脚下每一寸地方，惊喜的时刻随时有可能到来，成败将就此被验证，他们丝毫不敢懈怠！一天，一节石灰岩阶梯从沙石中显露出来，11月4日，一条约1.8米长的石阶被发现。经过两天的挖掘，卡特发现了一个入口，这个入口通向一座密闭、完整的陵墓。之所以说它密闭、完整，是因为在外门上有着未经损坏的封印，那说明这座皇室陵墓内的东西完好无缺，正如卡特当初所期待的一样。

经过三天的努力，法老的第一道墓门被打开。填满石渣的甬道尽头是第二道墓门，上面也刻有图坦卡蒙的印章，门后是整个墓室的前厅。卡特擎着蜡烛从门上被凿开的缝隙侧身钻进去，一束微弱的金光霎时扫过，他被眼前的景象惊呆了。那里是数不清的雕塑和黄金，前厅堆满了精致的陪葬品：流光溢彩的百宝箱、雪花石膏瓶、黑色神龛、精雕细琢的椅子、金冠等，还有一辆外表包裹着黄金的威武战车。

卡特与队员进入这间墓室，开始整理文物，却没有发现法老的木乃伊。然而他们发现，后墙上很大一块面积呈现出异常的颜色，有两尊持矛武士金像分守两边。卡特敏锐地断定存放法老木乃伊的墓室就密封在墙的背后。于是，他下令凿墙，终于打开了第三道墓门。

这是卡特一生中最激动的时刻，一口镶嵌了蓝瓷的硕大包金木椁（长5米、宽3.3米、高2.75米）呈现在眼前，这几乎占满整个墓室。在打开四层木椁后，人们看见黄色石英岩棺材的下端有一尊女神像，女神张开双臂和双翅托住棺脚，仿佛在保护法老的尸身免遭侵犯。移去棺盖，可以看见一具纯金的人形棺，里面装着被层层麻布包裹着的法老木乃伊。只见他浑身布满了宝石和护身符，脸上覆盖着黄金面具，胸膛上摆放着花圈。

图坦卡蒙的黄金面具

从当年陵墓被发现时的情形来看，作为一位帝王的陵墓，墓穴相对窄小，墓室中有的装饰较为潦草；有的壁画上还溅有多余的颜料，可见图坦卡蒙的死亡来得非常突然，这让人们对他的死因产生了种种猜测。考古学家推断，图坦卡蒙可能是突然死亡，仓促下葬，将就“挪用”了别人的陵寝。

后来，借助先进的X光技术，五名世界上最顶尖的法医官（包括联邦法庭法医官）全面检查了图坦卡蒙的木乃伊后，认定图坦卡蒙很可能是因为腿伤而致死。根据文献推测：那时图坦卡蒙亲自带队穿过尼罗河与敌人作战，这场战争虽然胜利了，但是在作战时，图坦卡蒙被敌人用斧头砍中了膝盖下方。虽然这种伤对现在的医生来说是小菜一碟，但在几千年前的古埃及，那就是致命的伤，法老回到了皇宫，慢慢地等到血都流干，伤口坏死长出坏疽，就这样，年轻的法老死去了。

在图坦卡蒙的陵墓里，卡特挖掘出了2000多件文物，还有大量的奇珍异宝，这座陵墓成为迄今为止封存最好、出土文物最多的古埃及法老陵墓。这也让卡尔纳冯的“投资”有了丰厚的回报。

可惜，卡尔纳冯无福消受这些珍宝——他很快死了，不光是他，22名参与图坦卡蒙陵墓发掘的人员也相继离奇地死了——死于法老的诅咒！

其实，在卡特他们进入图坦卡蒙陵墓前，就看到墙壁上刻着这样的话：“谁扰乱了这位法老的安宁，展翅的死神将降临在他头上。”但没有人把这些话放在心上，继续挖掘着陵墓。结果，几个月后，在墓室中被蚊子叮了左颊的卡尔纳冯，因在早上刮胡子时不小心刮伤了左颊的疙瘩，后因感染而死。卡尔纳冯的女儿说，父亲临死前嚷道：“我听见了他呼唤的声音，我要随他而去了！”在此后的三年零三个月里，先后有22名参与图坦卡蒙陵墓发掘的人员意外死去。

于是，关于“法老王的诅咒”的说法也甚嚣尘上，许多人开始相信刻在墓上的可怕的铭文警告，宣称闯入这座陵墓会带来厄运。

对“法老咒语”的所谓显灵，科学家们众说纷纭。经过科学的发展进步，现代的知识已经让人们明白了隔离的重要性，而在发掘图坦卡蒙王陵、甚至更早以前进行其他的发掘工作时，人们还没有这种意识。德国格平根的研究人员发现了一种存在于图坦卡蒙陵墓中的杀人真菌。他们推测，这些人的死去是因为在陵墓中沾染了这种真菌所致。除此以外，还有些科学家提出了“毒物说”来解释法老的诅咒。

众多的说法都还有待探索验证，人类探索历史奥秘的脚步从未停止，伟大的考古学家霍华德·卡特用毕生的经历告诉我们：在探索和求知的道路上要想看得更远，需要拥有一颗坚定的心和理智的大脑，只有这样才能揭开真理的面具，让思想走得更远。

新技术时期的探险

32 第一次纽约直航巴黎

◇……………

无论是万里无垠的蓝天，还是群星璀璨的夜空，都令人产生无限遐想与渴望。千百年来，人类一直不断地探索与尝试，梦想着能够像飞鸟一样在蓝天白云间自由翱翔。

然而，人类的飞天之路却并不平坦。在尝试飞行的初期，人类一直是直观地模仿鸟类，用各种鸟羽或其他人造物制成翅膀“安装”在身上进行飞翔。经历了一次又一次的失败之后，人类意识到自己无法像鸟类那样展翅高飞。于是，人类开始寻找一种机械方式进行飞翔。

一直到1903年，莱特兄弟在进行了1000多次滑翔试飞之后，制造出了世界上第一架依靠自身动力进行载人飞行的飞机——“飞行者一号”。尽管第一次试飞只飞行了36米，却开启了一个新的时代，继而改写了人类的战争模式。

世界上第一架飞机“飞行者一号”飞机离开地面的瞬间

在20世纪20年代中期，美国航空业逐步成熟，美国政府意识到需要对航空业加以扶持，并出台一系列的法案、政策指导航空事业的发展。为了刺激航空业的发展，法裔美国商人雷蒙德·奥泰格于1919年悬赏25 000美元奖励飞行员在五年内完成从纽约至巴黎或者巴黎至纽约横跨大西洋的不着陆飞行。

事实上，自1919年5月开始，飞越大西洋的行动就已经有过多次了，但这些飞行往往是在中途降落、停留或是取道较近的路程。而奥泰格则要求飞行员完成的是从纽约直飞巴黎的不着陆飞行，这极大地考验飞机的性能和飞行员的驾驶技术。奥泰格认为“重赏之下，必有勇夫”，却一直没人完成这一壮举。后来，奥泰格对奖项做出修改，取消了时间限制。随着工业技术的发展，飞机的性能趋于完善，飞行员的飞行技巧也不断提高，于是，敢于冲击这一奖项的飞行员也多了起来。

1926年9月21日，法国第一次世界大战时的空战英雄勒内·方克首先发起了挑战，但飞机起飞时发生了严重事故，勒内·方克侥幸逃过一劫，两名同伴却罹难了。尽管开局不利，但更多的飞行员试图赢得奥泰格奖金。不过，却接二连三地发生意外。曾创造最长飞行时间纪录的克莱伦斯·钱伯林也计划跨越大西洋飞往欧洲。1927年4月24日，他驾驶着哥伦比亚飞机公司提供的贝兰卡飞机在起飞时也险些发生意外，于是也只能推迟出发。而曾经飞到过北极的艾诺尔·戴维斯在得到美国退伍军人协会的10万美元赞助的情况下也计划6月出发，可是在4月26日试飞时发生严重事故，他和同伴双双遇难。在欧洲，两位第一次世界大战英雄——法国飞行员查尔斯·南盖瑟和弗朗索瓦·柯利于5月8日驾驶着双翼飞机“白鸟”号从巴黎前往纽约，然而不幸的是，他们的飞机在大西洋上空失踪。

查尔斯·林白从青少年时代便开始注意到飞机这一新兴的交通工具，并十分向往成为一名飞行家。1922年他离开大学，前往就读内布拉斯加州林肯市的内布拉斯加飞机公司的飞行学校。之后，他在内布拉斯加飞机公司担任跳伞员、修理工之类的工作并继续学习飞行。后来，林白在父亲的资助下用500美元买了一架老式飞机，并于当年完成了个人第一次驾驶飞行。之后，林白不断往返飞行于美国南方和中西部之间为雇主服务，他的飞行技术在此过程中也不断成熟。

没有一名飞行员不知道奥泰格奖金，没有一名飞行员不对奥泰格奖金充满向往。这不仅仅是2.5万美金，对飞行员来说更是一项至高无上的荣誉。林白一直关注着飞行员挑战大西洋的历程，通过勒内·方克失败的教训，林白认为又大又重、有三台引擎的飞机不适合跨越大西洋的飞行。于是，他调整了思路，决定用一台发动机的单引擎飞机来飞越大西洋。

1927年4月28日，林白的“圣路易斯精神”号飞机完工。在经过多次的亲自试飞之后，林白对这架木质小飞机的可靠性十分满意，对跨越大西洋的远距离飞行更加充满信心。此时，美国飞行俱乐部也已接受了“圣路易斯精神”号的报名申请，并授予了参赛证。5月20日早晨7时30分，林白驾驶“圣路易斯精神”号准备从纽约长岛的罗斯福机场起飞。由于给飞机加的汽油太满，这架单翼飞机显得笨拙不堪，在跑道上艰难地滑行着，一次次试飞一次次失败，直到第五次试飞，飞机才醉汉般地晃悠着离开了地面，甚至差点擦上了机场旁边的树梢。在机场观看的人们既为他捏把汗，又关切地为他祈祷!

终于起飞了，查尔斯·林白孤身飞越大西洋的壮举开始了。时间是漫长而枯燥的，由于天气情况不理想，他的精神也处于高度紧张中。夜晚，对飞行中的林白来说是最难熬的。因为忙于准备飞行，林白几天不得休息已经疲惫不堪。面对海洋上空的气流和复杂气象，林白沉着冷静地操纵着驾驶杆。为了保持清醒的头脑，他一边操纵飞机，一边把一只手伸到窗外，直到手指冻得麻木，再换另一只手。同时，他的双脚不停地在舱内踏动，以防打瞌睡。

经过30多个小时的艰苦飞行，“圣路易斯精神”号艰难地到达了法国。这时林白才感觉到了饥饿，便取出随身带的食品大口地嚼起来，这是他起飞后的第一次用餐。当林白进入法国上空时，从法国海岸到巴黎的路灯、灯塔都被下令点亮来为飞行导航。在巴黎市郊的布尔歇机场，激动的人群正等待着林白的到来。

“圣路易斯精神”号经过33小时又30分钟的飞行，破纪录地飞行了近5800千米，于美国时间1927年5月21日下午5时22分成功降落在了巴黎近郊的布尔歇机场。飞机刚一着陆，守候在机场的两万多巴黎市民就疯狂地涌了上去，拿着斧子和锯子拆卸飞机的零部件作为纪念品，甚至有警察和女士也被挤倒在地。在随后的几天里，林白探视了法国飞行员南盖瑟的母亲，前往法国无名烈士墓默哀致意，去医院看望第一次世界大战受伤老兵。在爱丽舍宫，法国总统加斯东·杜梅格授予林白荣誉十字勋章，这是历史上法国总统首次把这一代表国家最高荣誉的勋章授给一个美国人。

查尔斯·林白访问布鲁塞尔无名战士墓

林白的这次飞行，在整个航空史上是一个新的里程碑，他创造了两项世界纪录：第一次实现了纽约和巴黎之间的直达飞行；第一次独自一人完成最长距离的连续飞行。这次飞行的成功，标志着航空事业、特别是航空运输事业正酝酿着腾飞。

林白因首次完成横跨大西洋的直达飞行，在美国领到了2.5万美元的奖金，美国总统向林白颁发国会荣誉勋章，林白也成为当之无愧的世界英雄。在林白的感召下，在全世界范围内飞行探险活动成为一大热点。就在林白成功飞行两周后，克莱伦斯·钱伯林和查尔斯·莱文两位飞行员驾驶一架飞机从纽约飞往德国柏林，打破了林白所飞航程的纪录。人们向飞行的广阔领域进军，推动着航空事业的迅速发展。

后来，林白还多次飞抵中美洲加勒比海、远东等地区。1933年，他还与妻子安妮·莫罗·林白，为了勘察新的飞行航线绕大西洋进行了飞行。在太平洋战争中，林白参加过对日空战，先后50次执行作战任务，曾击落日本飞机1架。林白还担任过泛美航空公司的技术顾问，成为了一名出色的技术专家。1974年8月，由于身患癌症，林白在夏威夷去世。

2002年5月1日，查尔斯·林白成功飞越大西洋75周年前夕，他的孙子埃里克沿着爷爷当年的飞行航线再次飞越大西洋。直到今天，每天往返纽约至巴黎航线的大批乘客，依然享受着林白当年冒险飞行给人类创造的财富。

33 通向地心的大赛

◇…………

地理大发现之后，人类探索的脚印几乎布满了世界的每一个角落——新的大陆被发现、新的河流被穿越、新的山峦被征服。但对于脚下洞穴，人类对它的了解却远不如头顶的星空。不过这正是洞穴迷人之处，有人甚至说这是地球上最后一块未知的伊甸园。

洞穴探险是一项满足人们好奇心理的户外运动，这项运动结合了科学、旅游和体育，同时也富有刺激性。在探洞期间，每一个成员都要集中精力，才能在面临突发事件时第一时间做出反应。

洞穴探险可以分为两种：即水洞探险和干洞探险。水洞，是指洞内有常年地下水流的岩溶洞穴。干洞是脱离了自由水面的岩洞，发育在地势较高的地方，发育的历史较长，洞内往往被各种多彩多姿的钟乳石装饰着。

探洞经常会用到的一种技术，被称为SRT技术。全称是Single

Rope Technique，也就是单绳技术。单绳技术包括单绳上升和下降，其实不光是洞穴探险，有较大落差的地方都要用到SRT。上升一般使用双上升器——胸式上升器和手持上升器。利用一个上升器固定，另一个滑动的原理，使身体顺绳子向上滑动。下降一般用STOP或者一种叫做RACK的设备，这些设备通称保护器。

SRT绳索技术

所以说，SRT是洞穴探险的基础。那么，这项被称为开辟了洞穴探险新纪元的装备是如何发明出来的呢？让我们一起乘坐时光机器，回到100多年前法国南部的格雷诺尔。

1913年，费尔南德·攀索（Fernand Petzl）就出生在这里。攀索从小就在父亲指导下学习机械制造。他对机械有着浓厚的兴趣，很快就能够独立操作，也喜欢自己手工制造一些小东西。童年的攀索和每个孩子一样充满了好奇。他最喜欢看的就是凡尔纳的小说《地心游记》，那几个探险爱好者经过地下洞穴进入地球核心的探险经历让他对那个未知世界着迷。

很快，攀索就彻底迷恋上了洞穴。他找来许多相关书籍，从书上他知道了第一位探洞的勇士是2800多年前古代东方亚述国王萨拉马沙三世，国王和学者钻进了底格里斯河的发源洞，并在上面凿刻下了图案。这件事深深地触动了攀索，他也想在洞穴探险的历史上留下点什么。

1930年，未满18岁的攀索开始了他的首次洞穴探险，他在这一年探察了位于法国东南部沙尔特勒斯高原的高勒峰。为了保证自己的爱好所需资金和养家糊口，他在离格雷诺尔20千米的一个铁匠锻工车间里建立了他的作坊，开始为铸造厂生产模具。

在高勒峰的附近有一个非常著名的深洞，这就是高弗·伯杰洞(Gouffre Berger)，是已知的世界上最深的洞穴。探测深洞不是那些在晚餐后闲庭漫步的人所能胜任的，这种活动需要有军事行动般的周密部署和预见能力，有时甚至需要花费整整八天时间来搭起绳梯，然后才能到达一个很深的洞穴里。

攀索把一根又粗又长的绳子拴在一棵根系深入地底的大树上，同时使用了自己铁匠铺里打造的卡索等小型工具。不过，在向洞内深入几十米后，攀索就感觉到了胸闷气短，而且一片漆黑的环境让他根本没有办法做别的事情，第一次惊险的洞穴探险就这样结束了。

1936年，攀索结识了著名的洞穴学家皮耶尔，由于当时洞穴探险爱好者少之又少，两人是相见恨晚惺惺相惜，他们决定携手去开创洞穴探险的新篇章，那就是改进探洞技术和刷新洞穴深度的纪录。在这一年，两人一起探察了17千米长的岩洞。

那时，穿越岩洞运用的是登山运动员的技术，设备也简陋不堪。学过模型工和机工技术的攀索明白，要想在洞穴探险领域有所突破，必须要改进自己的装备。在车间里，他不断地摸索、改进，大胆地提出了一项改革——用尼龙绳取代之前的大麻攀登绳。可别小看了这一改进，这是攀登装备发展史上的一个重要台阶。因为大麻纤维容易在潮湿的环境中腐烂，而且吸水后变得笨重不堪，不仅极大地消耗了探险者的体力，也增加了安全隐患。

后来，以尼龙制造的绳子测试成功后，这种新型合成纤维相继在各项运动（登山、攀岩、航海等等）和工业上（建筑业是代表）

的应用均获得成功。直到今天，这些技术依然被攀登装备制造业作为一项工艺标准采用。

1956年是洞穴探险发展划时代的一年。法国阿尔卑斯俱乐部的格勒诺布尔分部准备对高弗·伯杰洞进行一次较大的国际探险，费尔南德·攀索被任命为探险领导人，希望能够打破1122米的世界深度记录。

高弗·伯杰洞是由一条地下暗泉冲刷岩石中的缝隙并使之慢慢变大而形成的洞。洞口在丹芬阿尔卑斯山的高原上，宽不足2米，是法国著名洞穴探险家伯杰偶然发现的。自从被发现以后，这个洞成了洞穴探险者心目中的珠穆朗玛峰，人们多次进入洞内探险，直至今日还有人深入洞穴探险，还会有新的发现。

费尔南德·攀索率先从窄缝进去，顺着笔直陡峭的洞壁下降，来到一条狭窄的走廊上。他等同伴们跟上来后，开始一起行动。由于地势险要，他们有时不得不侧着身子前进，有时得猫着腰前行，有时甚至得匍匐在地上前行。

大家从狭窄的岩缝侧身挤过，来到一个大小相当于一个音乐厅的岩洞里。当他们打开头灯时，每个人不由得被眼前的一幕惊呆了：一株株高达12米像树干似的向上长的硕大石笋与洞顶悬挂下来的钟乳石相接，周围是像彩虹般闪闪发光的石灰石。洞里有一种可怕的寂静，唯一可以听见的声响是高高的圆顶上不间断地滴水的“嘀嗒”声。

洞穴世界里确实充满了美得犹如仙境的画面，比如遵义绥阳县的双河洞有着罕见的“沉淀景观”：雪白的粉末状沉积物布满了整个洞道，人在其中犹如置身银装素裹的北国；透明、半透明的晶簇像野花般四处绽放；细小的云母颗粒如钻石闪耀着七彩的光芒，仿佛《一千零一夜》的童话世界。这些精致的沉积物都是“石膏”，其中既有石膏石笋、石膏钟乳、石膏卷曲石，更有晶莹剔透的石膏晶簇、晶花……

美丽而又危险的洞穴

洞穴世界犹如一个神秘的异星世界，吸引着充满幻想的冒险家，然而洞穴可不是浪漫的。正如一位洞穴探险家所说的那样，头顶上时常悬着的尖利的钟乳石，突然出现的裂缝和竖井能瞬间将探险者吞噬。洞穴中经常能发现人类或动物遗骸，他们可能是勇敢的探险者，也可能是失足坠落的倒霉蛋，一些骨骼甚至被不断生长的钟乳石包裹，成为洞穴的一部分。

法国优秀的电影艺术家雅克·贝盖尔根据费尔南德·攀索的探险经历，拍摄的电影《洞穴》也成为电影史上的一部经典之作。费尔南德·攀索的名字，随之也成为洞穴探险史和洞穴学传奇的一部分。

34 征服地球之巅

◇ ……………

第二次世界大战时期，喜马拉雅山脉上空有一条空中运输线，DC系列运输机马不停蹄地把美国援助物资源源不断地运往中国，这就是号称抗战输血管的“驼峰航线”。在驼峰航线上，有着最为残酷的路标——失事飞机残骸的反光；而在通往世界最高峰珠穆朗玛峰的路上，也有着残酷的路标——登山失败者的尸体。

据不完全统计，自1921年到2006年，共有212人在攀登珠穆朗玛峰过程中丧生，其中192例死亡事件发生在大本营（正式登峰开始之前最后的宿营地）之上。

敢于挑战世界之巅的人，无一不是身体强壮意志坚韧的勇者，而且无一不是做了充分的准备后才对峰顶发起挑战的。那为什么还是有这么多人命丧黄泉呢？这是因为珠穆朗玛峰的气候极其恶劣，这里的飓风强度可以达到每小时189千米，气温更是会下降到恐怖的-73℃。此外，这里空气的含氧量只有海平面水平的2/3。这样，我们就很容易理解为什么有那么多的探险者无功而返了。

你知道珠穆朗玛是什么意思吗？其实，这是藏语“job-moglang-marib”的发音，是“大地之母”的意思。或许你觉得难以置信，巍峨秀美的珠穆朗玛峰正是“大地母亲”生下的孩子——珠峰所在的喜马拉雅山地区原是一片海洋，在漫长的地质年代，从陆地上冲刷来大量的碎石和泥沙，堆积在喜马拉雅山地区，形成了这里厚达3万米以上的沉积岩层。后来，由于强烈的造山运动，使喜马拉雅山地区受挤压而猛烈抬升。据测算，这里平均每一万年大约升高20～30米，至如今，喜马拉雅山区仍处在不断上升之中，每100年上升7厘米。

珠穆朗玛峰

珠穆朗玛峰气势磅礴，它那金字塔形的峰体，在百公里之外就清晰可见，给人以肃穆和神圣的感觉。而且“地球之巅”的美誉，也让它成为世界上每一个登山家心目中的“圣殿”。登上珠峰，是每一位登山家的夙愿。

从18世纪开始，陆续有一些国家的探险家、登山队，来到珠穆朗玛峰，探索它的奥秘。从1921年到1938年，英国的探险家曾先后七次试图从北坡攀登珠峰，都失败了，有的还失去了生命。因此，他们把北坡称为“不可攀援的”死亡路线。

这并不奇怪，从北坡攀登珠穆朗玛峰，除了要克服高空的严寒、缺氧，战胜陡峭的岩坡、悬崖，以及冰川裂缝、冰崩、雪崩和随时而来的暴风雪之外，还必须越过两个最艰险的地带——“北坳”和“第二台阶”。“北坳”是珠峰与北峰之间的鞍部，它位于海拔7000米左右的位置，平均坡度达到了70°，就像是一座高耸的城墙屹立在珠峰的腰部。在“北坳”险陡的坡壁上，常年堆积着深不可测的冰雪，分布着无数冰崩和雪崩的印槽，是珠峰最危险的冰崩和雪崩地区。“第二台阶”位于珠峰8570米至8600米处，不仅坡度同样陡，而且岩壁上结着厚厚的冰，更加光滑，顶部还有一座约3米高的垂直峭壁。

从英国探险队向珠穆朗玛峰发起挑战算起，30多年后，人类才终于如愿以偿地登上了世界之巅。

让我们永远记住这个历史性的时刻吧，1953年5月29日11时30分，新西兰登山家埃德蒙·希拉里（Edmund Hillary）和尼泊尔夏尔巴人丹增·诺尔盖（Tenzing Norgay），克服千难万险，从珠穆朗玛峰南坡携手登上顶峰，完成了人类登上地球之巅的梦想。

埃德蒙·希拉里于1919年7月20日出生在新西兰奥克兰市一个养蜂世家，从小就喜欢登山，16岁时便参加了当地的一个登山俱乐部。由于父亲是一名老兵，第二次世界大战期间，希拉里加入了新西兰皇家空军，战争结束后更是迷恋登山。1953年，希拉里与其他9人组成的英国登山队再次向珠峰发起冲击。然而，攀登珠穆朗玛峰可是一场辛苦而艰难的旅程，不断地有同伴放弃。最终成功登顶的只有他和尼泊尔夏尔巴向导丹增·诺尔盖。

希拉里在峰顶为诺尔盖拍下了一张照片。这张照片因为记录了人类首次登上珠穆朗玛峰而闻名世界。然而遗憾的是，由于诺尔盖不会使用照相机，希拉里本人未能留下任何照片作纪念。这让世人怀疑，真正首位登上珠峰的不是希拉里，而是他的向导丹增·诺尔盖。不过，希拉里并不过多争辩，这种淡泊名利的态度反而为他赢得了巨大的荣誉——英国女王伊丽莎白二世向希拉里授出自己登基后的第一个爵位，希拉里也是迄今唯一一名英国本土外获女王封爵的非政治人士。

除了攀登珠峰以外，埃德蒙·希拉里还登上了喜马拉雅山脉的所有11座山峰，这些山峰全部在海拔6000米以上。在此之后的1958年，他完成了独自穿越南极的壮举。在1975年，他曾沿着恒河溯源而上，踏上神圣之旅。此举为他在印度赢得了很高的声誉。20世纪90年代，他又完成了为联合国儿童署和联合国野生动物保护协会筹资的《环球旅行》。他曾经把自己的登山与探险经历写成《险峰岁月》，并因这部书而获奖，但是他说："我不认为我是个十分伟大的作家，就描写我的登山生涯而言，我只是觉得自己是一个称职的作者。"为纪念埃德蒙·希拉里，新西兰的5元币正面为他的肖像。

尽管希拉里和诺尔盖的行为属于"投机取巧"——选择了难度相对较低的南坡登顶，但仍然实现了人类登山史的重大突破。此后，中国的登山健儿一直梦想着能从珠穆朗玛峰北坡登顶，以最男人的方式征服世界最高山峰。

中国登山队于1955年组建，开始了征服珠穆朗玛峰的漫长征程，历尽了苦难和挫折后，于1960年5月25日凌晨4时20分成功从北坡登顶，首次完成了人类从北坡登上珠穆朗玛峰的夙愿。让我们记住这三位勇士的名字吧：王富洲、贡布（藏族）、屈银华。

时至今日，已经有数千人（截至2010年，已经有3142人）成功登上了珠穆朗玛峰。如今的登山运动已然不再是造就一世英雄的途径，更多的则是在登山中感受人与自然的关系，体验超越自我的满足。

登山爱好者正在攀登珠峰

在人类成功登上珠峰后60年间，世界各地的登山者先后向珠峰发起挑战。他们中的许多人还别出心裁，不断选择前人没有走过的路线，或者尝试别人没有进行过的下山方式。每一次别出心裁的壮举，都是人类与珠峰的激情碰撞，让我们铭记这些有点另类的“世界第一”吧！

第一位登顶的女性：日本人田部井淳子，1975年5月16日；

第一次无氧登顶：奥地利人彼德·哈贝尔和意大利人赖因霍尔德·梅斯纳，1978年5月8日；

第一位登顶的盲人：埃里克·维亨迈尔，2001年5月24日；

第一对同时登顶的夫妻：斯洛文尼亚夫妇安德列斯·什特雷姆费尔和马丽亚·什特雷姆费尔，1990年10月7日；

第一位从北坡登顶的女性：中国人潘多，1975年5月27日；

在顶峰上停留时间最长的人：尼泊尔夏尔巴人巴布·奇里，奇里成为首位在珠穆朗玛峰峰顶上睡觉的人，并创造了停留21小时30分钟的最长时间记录，1999年5月26日；

最年长的登顶者：尼泊尔老人明·谢尔钱，76岁高龄的他于2008年5月25日凌晨成功登顶珠峰。

珠穆朗玛峰自古便屹立于喜马拉雅山脉，默默地注视着人类的发展，静静地看着一个又一个渺小的人类往自己身上爬。真正的登山者，包括为登山运动献身的人，无一不对高山心存敬重。他们懂得，只有在自然规律的许可下，人类才可以驻足于高山之巅。一位登山者曾有过这样的感悟："也许登山者来时抱的是一颗征服大自然的心，但走时带去的却是一颗被大自然征服的心。"

35 下潜到万米深渊

◇ ……………………

人类一直怀着“上九天揽月，下五洋捉鳖”的梦想。相传在公元前4世纪，亚历山大大帝就曾经亲自在玻璃罐中潜入海底，而500年前的达·芬奇还设计过皮质的潜水服。其实，不用特殊装备而潜水采集海珠，很早在我国南海沿岸就流行了。

1554年，意大利人塔尔奇利亚发明制造了木质球形潜水器，对后来潜水工具的研制产生了巨大影响。现代科学意义上的潜水技术应当从17世纪末期哈雷发明了世界上第一个潜水钟开始算起。该潜水钟能通过皮管子注入空气，在水下停留时间约为90分钟。

后来，一位美国科学家奥蒂斯·巴顿（Otis Barton）发明制造了潜水球，他和自己的导师威廉·毕比（William Beebe）于1930年一起乘坐潜水球，在百慕大成功下潜到水下923米，轰动了美国。毕比和巴顿的深潜壮举引起了强大的社会反响，出现了众多的香烟牌子和幻想图画。巴顿还在1938年根据自己的深潜经历拍摄了探险电影《深海大力神》。

瑞士著名的气象学家奥古斯特·皮卡德认为，如果没有封闭的压力系统保护，人类根本无法下潜到太深的地方。他指出，要使深潜器下潜到2000米以下，必须在深潜器上加一个压力舱加以保护。于是，他设计出一种独特的“水下气球”潜水器，分为钢制的潜水球和像船一样的浮筒。浮筒内充满比海水密度小得多的轻汽油，为潜水器提供浮力；同时又在潜水球内放进铁砂等压舱物，以助它下沉。潜水器完全抛掉系缆绳，在海洋里自由沉浮和航行。

第二次世界大战结束后，皮卡德在比利时国家科研基金会的资助下，建成了第一艘“水下气球”式深潜器。深潜器的载人舱是一个直径为2米的钢制球壳；除了控制仪器外，球壳内仅仅能够挤下两个人；载人舱与一个装有10万升汽油的油箱相连，以产生足够的浮力。与载人舱相连的还有充水的气箱和被电磁力吸附的铁块。深潜器上浮时通过排出气箱内的水和抛弃铁块来实现，下潜时则靠排出汽油，在剩余的油箱空间注满海水，以增加重量。

1948年11月3日，皮卡德的深潜器开始入水，他与英纳德把深潜器潜到水下26米处。这次实验证明了只需艇上的驾驶员控制，同样能够完成自由升降。所以，皮卡德又设计了一套遥控装置。第二次试验时，皮卡德显得大胆多了，他一举潜到了1370米的深度，刷新了当时的潜水记录。不过当深潜器浮出水面时，已经因为巨大压力而变形，载人舱也进了水。尽管如此，奥古斯特·皮卡德的试验也使人类向深海探索的历程跨入一个崭新的纪元。

1951年，奥古斯特·皮卡德带领儿子雅克·皮卡德来到意大利港口城市的里雅斯特，在瑞典有关部门的支持下设计他的第二艘深海潜水器。这艘深潜器长15.1米、宽3.5米，艇上可载两三名科学家。皮卡德父子将它命名为“的里雅斯特”号。1953年的一天，皮卡德父子驾驶着“的里雅斯特”号潜入1088米深的海底。第二次在第勒尼安海试潜时，皮卡德父子又一次创下了人类深海潜水的新纪录——下潜到了3048米深的海中。

1958年，在美国海军的委托下，皮卡德父子开始建造新型的“的里雅斯特”号深潜器。有了军方的支持，这次的潜水器用上了当时最先进的科技，深潜器的球体是克虏伯球，这是美国海军重金从德国购置的。这种近13厘米厚的合金球有着极高的耐压强度。所以，新“的里雅斯特”号首次试潜就潜到5600米的深度；第二年又潜深到7315米，这样的深度几乎可以征服海洋的任何一个角落了。现在，没有被皮卡德父子征服的，只剩下海洋中最深的海沟，最大深度为11 034米的马里亚纳海沟了。

“的里雅斯特”号

在人类深海探险的历史上，最重要、最精彩的事件莫过于1960年1月23日，皮卡德父子乘坐“的里雅斯特”号挑战马里亚纳海沟的最深渊。

那年，奥古斯特·皮卡德已经76岁了。他对自己设计的“的里雅斯特”号深潜器充满信心。自1953年与儿子雅克·皮卡德一起探险以来，他对儿子的深海探险精神与技术也十分信赖。这一次，他决定由小皮卡德和一位勇于探险的美国海军上尉沃尔什一起去实现这前无古人的深海探险伟业。

那天，天公不作美，也许苍天在考验这艘已经被施放到太平洋马里亚纳海沟上方宽阔的洋面上的深潜器，洋面上掀起5米高的大浪，让船体剧烈地动荡起来。然而，雅克·皮卡德和沃尔什没有任何畏惧，他们抱着必胜的信念，一定要深潜到马里亚纳海沟的最深渊去探个究竟！

上午7时许，“的里雅斯特”号开始缓缓下潜。由于阳光在海水中很快衰减，不久深潜器就被黑暗笼罩。乘客们通过舷窗看到，在那没有阳光的世界里，呈现出众多的水下“繁星”。这对小皮卡德来说，已经不是新鲜事物，而是老相识了。之后，一路下潜都很顺利。但下潜到9000米时，突然出现意外，舷窗外的玻璃“咔嚓”响了一下。也就是说，压强达到91兆帕时，玻璃出现了裂缝。小皮卡德何尝不清楚，一旦玻璃碎裂，这区区生命必然会被压得粉碎。然而，雅克·皮卡德十分自信，也对父亲的设计十分信赖。在1948年做无人深潜测试时出现过舷窗渗水的情况，之后他重点研究了舷窗的材料，进行耐压的试验，最后没有选硬质的玻璃、熔解石英等物质，而是选用了丙烯玻璃等新材料。因为硬质玻璃或熔解石英有较大的危险性，在这些材料上一旦有极轻微的擦伤，就会大大降低材料的强度。

雅克·皮卡德和沃尔什态度十分坚决，绝不因听到舷窗玻璃的“咔嚓”声而就此退缩，他们继续下潜。经过6个多小时的下潜，这艘重150吨的“的里雅斯特”号深潜器终于第一次把人类带到了世界大洋的最深点——马里亚纳海沟最深渊。此时，深潜器仪表的指示深度为11530米（后经订正为10916米）。10916米是一个什么概念呢？我们通俗地打个比方，即在人的大拇指指甲大小的面积上要承受1000千克以上的重量。按此计算，在该深潜器的总面积上所承受的重量超过15万吨！难怪当“钢筋铁骨”的克虏伯球浮出水面后，它的直径竟被压缩了1.5毫米。

在远离尘世的深海海底，两位探险家进行了20分钟的科学考察。他们亲眼看到了呈黄褐色的海底土壤，这是硅藻软泥。他们原以为在如此巨大的高压环境下，任何生物已无法生存。然而在探照灯的照耀下，却发现了类似比目鱼的鱼在游动，他们还看到了一些小生命在活动，其中有一只大约长2.5厘米的红色的虾，正在绕过舷窗自由地遨游。

海底生物

以前，有生物学家认为阳光照不到的深海中也存在着生命，现在，这一推测终于得到了证实。当然，这里的海洋生物已适应了深海的环境条件——黑暗、低温、高压。这些海洋小生命的生态已具有特殊的适应性，无论是体色、视觉器官、肢体、骨骼、摄食器官、发光器及繁殖方式都有其独特之处。据悉，正是雅克·皮卡德在11千米深的海底发现了活着的海洋生命，才终于促使国际社会决定禁止人类向深海海沟中倾倒核废料。

雅克·皮卡德和沃尔什怀着胜利的喜悦，乘坐“的里雅斯特”

号于16时56分浮出水面。后来，美国海军派专机把这两位深海探险功臣接到美国，艾森豪威尔总统亲自给两位深海探险者授勋。

毕生从事深海探险事业、“的里雅斯特”号的设计者奥古斯特·皮卡德，这一年已是76岁了。尽管这次探险他没有亲自参加，也没有亲临现场，但他的心始终与这次深潜壮举紧紧联结在一起。当他欣闻儿子在马里亚纳海沟探险成功之后，百感交集，兴奋不已，眼睛里充满了幸福的泪水。

皮卡德父子创造了世界深海载人潜水的最高纪录，使深海潜水探险达到了高潮。然而，由于人们对深海研究的热情越来越高涨，不久，科学家们已不满足于这样的深海观察探险的方式。从那时起，已经着手研究在深潜器上安装机械手；在更大的视觉范围内扩大观测窗口；努力改善深潜器的机动性能，使之更灵活、方便；安装必要的仪器设备，以提高“视觉”“听觉”“触觉”“嗅觉”能力，从而不仅提高了观察、测量的能力，更重要的是开拓了深海作业的能力。例如美国的“阿尔文”号深潜器就是这样的例子。迄今所知，此后发展起来的深潜器的形式与性能已是多种多样。有的深潜器重量不足1吨，有的则达几百吨，如美国1969年建造的核动力潜水器“NR－1”号，重达400吨，水下自持力达45天。

再如，尽管在1953年已出现了无人潜水器，并具有作业安全、方便以及经济的特点，但仍是离不开母船，带着“脐带”，而20年后的70年代中期，已设计出无脐带无人潜水器。迄今为止，全世界已有近20个国家建造和使用各种潜水器，累计有数百艘。

现在的深潜器已成为海洋科学研究、海洋考察、海洋作业的重要工具。具有海底采样、水中观察测量以及录像、照相、打捞等功能的深潜器，广泛应用于海洋基础科学研究、海洋资源调查与开发等领域，在这些领域发挥着越来越大的作用。

36 太空第一人加加林

◇

“地球是人类的摇篮，但是人类不能永远生活在摇篮里。”苏联“航天之父”齐奥尔科夫斯基曾这样说。

在今天的俄罗斯，许多苏联时代的偶像已成为明日黄花。他们的雕像要么已经被废弃，要么已无人光顾。但有一位公众人物还留在人们的记忆之中，他就是世界上第一位“太空人”——尤里·加加林。

1957年10月4日，苏联科学家用火箭把一个金属球送上了天，这个金属球冲出了大气层，停留在地外空间，继而开始不停地绕地球旋转。这便是人类成功发射的第一颗人造卫星“卫星一号”。从此，人类从航空时代进入到了航天时代。

这时，美国着急了——空间竞争很大程度上也是军事和国力的竞争。在空间竞争的第一阶段，美国就落败了，岂不太丢面子了吗？随着世界各地的收音机和电视机都收到“卫星一号”传来的“嘟嘟”声，美国人进入20世纪以来第一次感到抬不起头。于是美国决定加大航天投入，准备迎头赶上。谁知，美国还没有准备就绪，在1957年11月3日，苏联又发射了一颗卫星，这一次的卫星重达500千克，而且竟然装了一只活的生物——小狗“莱卡”。

美国人更加坐不住了，急匆匆地试验，1957年12月6日，运载美国第一个试验性人造卫星的“先锋”号火箭点火升空。然而，火箭发射出去两秒后，第一级火箭就丧失了推力，火箭在空中翻起了跟斗，最后坠落到发射台上，发生了爆炸。幸好在场的人都躲在了厚壁保护室里，这才没有造成人员伤亡。

直到1958年1月31日，由美国陆军的导弹顾问冯·布劳恩教授设计的“丘比特-C”型火箭才将美国的第一颗人造地球卫星送上了天。这使得美国稍稍挽回了一些面子。但是，苏联明显是这一阶段的胜利者，因为美国人的卫星不仅发射成功得晚，而且重量又轻。

在接下来的美苏竞争中，苏联一直保持着领先地位。苏联不仅在卫星的数量上胜过了美国，航天技术上也更胜美国一筹。1959年1月2日，距离苏联第一颗人造卫星发射仅仅一年多，苏联的第一个月球探测器“月球1号”发射升空，拉开了苏联乃至人类探测月球的序幕。1960年8月15日，苏联将载有两条狗以及一些植物的“太空舱2号”回收。1960年，苏联发射了第一颗气象卫星。自此之后，苏联、美国以及其他国家的卫星任务日益复杂，有军事卫星、气象卫星、地质考察卫星、传播信息卫星。人造地球卫星可以观测到植物生长区、融雪、矿藏甚至森林大火。气象卫星可以很好地观测台风，特别适合观察大海与荒漠。通信卫星可以传播数万千米之外的电视节目。

当美国正苦苦追赶苏联的时候，又一件震惊世界的大事发生了：1961年4月12日莫斯科时间上午9时07分，苏联宇航员加加林乘坐“东方1号”宇宙飞船从拜克努尔发射场出发，飞上了太空。在远离地球327千米的地方，加加林适应了失重，并完成了一些科学实验。加加林在太空绕地球一周，历时1小时48分钟，于上午10时55分安全返回，降落在萨拉托夫州斯梅洛夫卡村地区，完成了世界上首次载人宇宙飞行，实现了人类进入太空的愿望。他驾驶的“东方1号”飞船成为世界上第一个载人进入外层空间的航天器，就在他的108分钟的飞行过程中，加加林由上尉荣升为少校。

加加林

加加林完成了史无前例的宇宙飞行后，全世界都对他挥手致敬，莫斯科人以极其隆重的仪式欢迎凯旋的航天英雄。在这次历史性的飞行之后，加加林荣获列宁勋章并被授予“苏联英雄”称号，还曾多次出国，访问过27个国家，22个城市授予他荣誉市民称号。1962年，加加林当选为第六届苏联最高苏维埃代表。1964年11月任苏联—古巴友好协会理事会主席。

从太空返回地球后，加加林这个生于苏联斯摩棱斯克州集体农庄庄员家庭的普通人一下平步青云。难道别的人都没看到这个人生机会？其实，宇航员的竞争非常激烈——早在1959年10月，苏联首位宇航员的选拔工作就在全国展开，初选名单有3400多名，清一色的35岁以下的优秀空军飞行员。初选之后，保留了20名入选者，这些入选者于1960年3月被送往莫斯科，开始在苏联宇航员训练中心接受培训。在20名候选宇航员中，加加林脱颖而出，原因是多方面的，但有一个细节帮了他不小的忙。

原来，在确定人选前一个星期，主设计师科罗廖夫发现，在进入飞船前，只有加加林一人脱下鞋子，只穿袜子进入座舱。这一举动使加加林一下子赢得了科罗廖夫的好感。科罗廖夫说，他感到这位青年如此懂得规矩，又如此珍爱他为之倾注心血的飞船，于是他更偏爱于加加林。脱鞋虽然是生活和工作的一个小细节，但这个细节却能折射出一个人的严谨和敬业精神。加加林因为这个细节，为他的成功加上了重重的砝码。

而且，在加加林之前，人类还从来没有进行过太空航行，而宇宙飞船的性能并不可靠，其实加加林在从太空返回地面进入大气层时就发生过险情——他所乘坐的下降装置一时竟无法与飞船脱离，加加林折腾了十多分钟才得以脱离险境！ 1967年，苏联宇航员弗拉基米尔·科马洛夫返回地球时就是因为降落伞没有弹出来而活活摔死的。

当加加林乘坐“东方1号”飞船进入太空后，苏联曾提前准备了“三份声明”，准备按情况变化所需，挑选其中一份向全世界广播。第一份属于“胜利的声明”，那是为加加林成功进入太空和返航而准备的；第二份声明是“故障声明”，它会告诉全世界，“东方1号”飞船出了点问题，遭遇了某些失败，但加加林还活着；第三份声明则是加加林的“死讯”，它是为“太空第一人”万一遇难而准备的。

更难能可贵的是，加加林并没有在荣誉上睡大觉，太空飞行之后，他又进入茹科夫斯基空军工程学院学习，并出色地完成了毕业设计，学院推荐他到高等军事学院研究生院当函授生。同时，加加林也积极参加训练其他宇航员的工作，1961年5月成为宇航员队长，1963年12月荣升为宇航员训练中心副主任。在训练其他宇航员的同时，他自己并没有放弃训练，梦想着能够再次进入太空。1967年4月，他完成了“联盟”号飞船首次飞行的培训准备工作，成为宇航员科马洛夫的替补。他在进行宇航训练之余，也未放弃驾驶歼击机。

加加林和科马洛夫(右)

正当加加林对未来充满信心的时候，灾难发生了。1968年3月27日，加加林和飞行教练员谢廖金在一次例行训练飞行中，因他们驾驶的一架双座喷气式飞机坠毁而罹难。灾难发生的这一天，加加林按计划要驾驶米格-15歼击教练机飞行两次，每次半小时。10时

19分，飞机升空。10时30分，加加林把空域作业的情况报告飞行指挥，请求准许取航向320返航。此后，无线电通信突然中断，1分钟后，飞机一头栽到了地上。

事故发生后，政府成立了事故调查委员会。最后公布的档案显示，最有可能“杀死”加加林的是飞行期间出现在天空中的一个气象气球。当时加加林和教官为了紧急避让这个气象气球，操纵飞机做出了十分猛烈的飞行动作，从而导致飞机失控并最终坠毁。

37 阿波罗登月

◇ ··················

人类对宇宙从一开始就有着一种与生俱来的好奇和敬畏。月球，作为一个离地球最近的天体，一直吸引着人类的关注，并且激发着人类对宇宙的探索。至少可以说的是，如果没有月球，人类登上其他天体的行动将开始得晚很多。月球和地球之间仅仅38万千米的距离对人类这个在宇宙中的初学者来说，是一个很好的练习场。

苏联在1957年10月4日发射人类第一颗人造卫星之后，就开始了发射月球探测器的准备，这个系列被命名为“月球”号。1959年1月2日，距离苏联第一颗人造卫星发射仅仅一年多，苏联的第一个月球探测器“月球1号”发射升空，拉开了苏联乃至人类探测月球的序幕。这个重361.3千克的无人探测器从距离月球表面7500千米处掠过，最终成为第一颗人造行星，围绕太阳公转，周期为450天。

第二个探测器“月球2号”于1959年9月12日发射，这次苏联人“突破”了一步，成功地在月球登陆。这是人类第一个到达月球的使者，也是人类历史上第一次从一个天体到达另一个天体。由于是硬着陆方式，探测器的工作在撞击月面的瞬间停止。但是在这之前，它已经发回了重要的数据，表明月球没有强磁场，周围也没有辐射带。月球1号和2号在飞行途中还在距地球11万千米处释放出纳蒸气形成的云（人造彗星），最大亮度相当于4.5等星。

紧接着在1959年10月，“月球3号”发射成功，这颗探测器绕到了月球的背面，从而获得了人类历史上第一批月球背面的照片。尽管只有9张比较清晰的照片，但是这毕竟是千百年来人类第一次看到月球的背面。苏联人由此绘制了第一张月球背面的地图，有一些环形山被命名，例如齐奥尔科夫斯基、爱迪生和我国的祖冲之。

在这第一轮的月球竞争中，苏联人取得了彻底的胜利。第一次到达地球，第一次得到了月球背面的照片。在此期间，一些苏联科学家甚至提出过一个很有时代气息的建议：把一个原子弹送上月球并引爆，让全世界的天文学家都来拍摄爆炸时的情景，以显示苏联的实力。但是后来考虑到月球上没有大气，核爆炸时间可能会很短，远不如地球上的壮观，这个建议被否决了。

接下来，苏联人开始考虑怎么在月球上软着陆，以便拍摄月面的风景照。在月球着陆可不能沿用地球的模式，因为月球没有大气，无法使用降落伞，唯一的办法是利用逆向推力火箭减速，同时在着陆时增加气囊保护。可能是软着陆技术一直不成熟，苏联没有再盲目地发射月球探测器。直到1965年，苏联人才恢复了月球探测器的发射，但冥冥中一向眷恋苏联人的好运气却消失了，苏联开始遭遇接二连三的航天挫败：1965年5月9日，“月球5号”发射升空，探测器比预定时间早5分钟到达月面，不幸撞毁。6月8日，“月球6号”偏离月球轨道，从距离月面16万千米的地方飞过，再次成为一颗围绕太阳旋转的人造行星。10月4日，“月球7号”发射升空，进行成功的轨道修正后，于10月8日早晨接近月球，大约在飞行了102小时、准确无误地完成了所有步骤后，重1506千克的探测器启动了携带的制动火箭。但不幸的是，制动火箭点火过早，推进剂提前消耗殆尽，致使制动火箭关机，“月球7号”也因过早失去制动力撞到月球表面而损毁。12月3日，苏联人发射了他们的第19个无人月球探测器“月球8号”，由于制动火箭没能及时点火，软着陆失败而撞毁于月面风暴洋……

尽管苏联遭遇了接连失败，但他们对月球表现出的征服野心极大地刺激了美国人。其实，当1961年苏联宇航员尤里·加加林成为了首位太空人之后，美国人就对自己在太空竞赛中落于下风极为不满。加加林返回地球的次日，许多议员希望能够立刻开始一项太空计划以保证在与苏联的竞赛中不至于落后太多。后来，美国决定实施一项把人类送上月球的宏大计划——阿波罗登月。计划在未来10年内，完成月球登陆，并将宇航员安全送回。

阿波罗是古代希腊神话传说中的一个掌管诗歌和音乐的太阳神，传说他是月神的胞弟，曾用金箭杀死巨蟒，替母亲报仇雪恨。美国政府选用这位能报仇雪恨的太阳神来命名登月计划，其心情可想而知。

阿波罗计划是美国国家航空航天局执行的迄今为止最庞大的月球探测计划，阿波罗计划始于1961年5月，至1972年12月第6次登月成功结束，历时约11年，耗资255亿美元。在工程高峰时期，参加工程的有2万家企业、200多所大学和80多个科研机构，总人数超过30万人。

波澜壮阔的美苏太空竞赛这次把战场转向了月球，在苏联的月球探测器一个个起飞时，美国于1961年到1965年进行了“徘徊者”号探测器计划——共发射了9个月球探测器，在不同的月球轨道上拍摄月球表面状况的照片1.8万张，以了解飞船在月面着陆的可能性。

1966年，月球探测器进入了“软着陆”时代。当年1月31日，苏联发射的“月球9号”经过79小时的飞行之后，这个1.58吨重的家伙终于在月球表面成功着陆。随即，登月舱开始向地球发送信号，由固定镜头和可转动镜头组成的电视摄像机开始工作，拍摄着陆区附近的黑白照片。一周后，“月球9号”电池耗尽而停止工作。这一轮中，苏联人仍然抢到了软着陆的第一名，但是美国人正在赶上来，它在月面软着陆只比苏联晚了4个月，而且它获得了更好的数据和照片。5月30日，美国发射了“勘测者1号”，“勘测者1号”经过64小时飞行后成功地在月面风暴洋着陆，“勘测者1号”在月面停留了6周，总共向地面发回11 237幅图片，显示月球表面是平坦的，而且强度足够支撑一个载人飞船登陆。

除了软着陆，另一个探索的途径是成为月球的卫星，以便让探测器有足够的时间详细研究月球周围的环境和拍摄照片。这需要一台能提供1km/s变轨动力的发动机，相比于软着陆所需的2.6km/s的变轨动力要小。苏联人还是抢得了头筹，他们于1966年3月31日发射的“月球10号”成为了历史上第一个“孙卫星”——地球的卫星（月球）的卫星。

不过，美国人也不甘落后，他们在1966年到1967年间共发射3个绕月飞行的探测器，对40多个预选着陆区拍摄高分辨率照片，获得1000多张高清晰度的月面照片，据此选出约10个预计登月点。

在实现了看月球、登陆月球之后，下一步自然应该是从月球上带点什么东西回来。1969年7月13日，苏联发射了第一个新一代月球探测器，即“月球15号”。这是第一艘可以自动取样的月球探测器。

3天后，即7月16日，巨大的“土星5号”火箭载着“阿波罗11号”飞船从美国卡纳维拉尔角肯尼迪航天中心点火升空，开始了人类首次登月的太空征程。美国宇航员尼尔·阿姆斯特朗、巴兹·奥尔德林和迈克尔·科林斯驾驶着“阿波罗11号”宇宙飞船飞向月球。

而此时，苏联的“月球15号”已经进行了轨道调整，并于7月17日进行了第一次制动，然后进入环月轨道。

正当苏联人欢呼自己抢在美国人前面时，噩耗传来——“月球15号”软着陆失败，最终在月球的危海坠毁。

现在，全世界的目光都被“阿波罗11号”吸引了，在“阿波罗11号”的发射现场，聚集了超过100万的人，全世界观看发射现场直播的观众人数也达到了创纪录的6亿人。

“阿波罗11号”于1969年7月19日经过月球背面，点燃了主火箭使飞船减速进入了月球轨道。在环绕月球的过程中，三名宇航员在空中辨认出了计划中的登月点——宁静海南部。之所以选择这里，是因为它比较平整，不会在降落和舱外活动时制造太多困难。登陆之后，阿姆斯特朗把登陆点称为“静海基地”。

1969年7月20日18时11分，当飞船在月球背面时，登月舱从“哥伦比亚”号指令舱中分离。科林斯独自一人留在“哥伦比亚”上，在登月舱绕垂直轴旋转时仔仔细细地检查了一遍，以确保这个飞行器一切正常。检查过后，科林斯做了一个简单的告别手势便离开了。科林斯的任务是留在指令舱中并绕月球环行，在以后的24个小时中只能监测控制中心与登月舱之间的通信并祈祷登月一切顺利。如果登月舱发生了意外并且不能够从月面起飞的话（可能性极大），科林斯就只能独自一人返回地球。

随后，阿姆斯特朗和奥尔德林启动了登月舱的推进器并开始下降。终于在遍布砾石和陨石坑的月面找到一处适合于着陆的地方，并驾驶登月舱稳稳地降落在月球上。

登月舱降落六个半小时后，阿姆斯特朗扶着登月舱的阶梯踏上了月球，说出了那句流传千古的名言："这是我个人的一小步，但却是全人类的一大步。"奥尔德林不久也踏上月球，两人在月表活动了两个半小时，使用钻探取得了月芯标本，拍摄了一些照片，也采集了一些月表岩石标本。

阿姆斯特朗

在月球上的工作结束，宇航员开始返回登月舱。奥尔德林先爬进了登月舱，之后两名宇航员一起将拍摄的胶片和两个装有21.55千克月面样本的盒子运进登月舱。阿姆斯特朗随后跳上爬梯的第三级，并爬进了登月舱。

在月球上工作

在休息了约7个小时以后，指挥中心叫醒了两名宇航员并指示他们进行回航准备。又过了两个半小时，他们乘坐登月舱上升级离开月面返回绕月轨道与指令仓“哥伦比亚”号上的指令仓驾驶员科林斯会合。

宇航员们于1969年7月24日返回地球，并受到了英雄般的欢迎，尼克松总统亲自登上了回收船欢迎宇航员返回地球。

1969年8月13日，洛杉矶为“阿波罗11号”成员举行了国宴，出席的有国会议员、44位州长、首席大法官和83个国家的大使。总统尼克松和副总统阿格纽向每位宇航员颁发了总统自由勋章，这次庆典只是一个长达45天的名为“一大步”巡游的开始，在这次巡游中宇航员们去了25个国家，期间还拜访了许多著名人物，包括女皇伊丽莎白二世。许多国家为庆祝第一次载人登月都发行了纪念邮票或纪念币。

38 来自中国的探海威龙

◇ ……………

1960年，瑞士海洋学家雅克·皮卡德和美国海军上尉唐·沃尔什乘坐密闭球“的里雅斯特”号到达深度为10 916米的太平洋马里亚纳海沟底部后，地球上再也没有了挑战新潜水纪录的地点。后来，人们冷静下来，不再盲目追求下潜深度，而是更多地从实用出发研发新型深海载人潜水器。比如美国在1964年后制造的“阿尔文”号载人潜水器虽然下潜深度只有4500米，但它已经不是一个“深海气球”，而是一艘深海潜艇。

“阿尔文”潜艇是世界上首艘可以载人的深海潜艇，通常可以搭载一名驾驶员和两名观察员。这艘潜艇体重为16 964千克，长度为7.1米，高3.4米，宽2.6米，最高航速为3.7千米/小时，由五个水力推进器驱动，潜艇中安装有一个由铅酸电池提供电能的供电系统，它的生命保障系统可以允许潜艇和其中的工作人员在水下生活

72小时。它可以在崎岖不平的海底自由行驶，并可以在中层水域执行科研任务，拍摄照片和视频影像。

“阿尔文”潜艇

“阿尔文”潜艇是人类探索深海奥秘的重要工具，它可以完成多种复杂任务，包括通过摄像、照相对海底资源进行勘查、执行水下设备定点布放、进行海底电缆和管道检测等。1977年，“阿尔文”潜艇在加拉帕戈斯群岛海岸线附近的大西洋中发现了热液孔。自那时起，它在大西洋和太平洋中已发现24处有热液涌出。研究人员在“阿尔文”潜艇的帮助下还发现并记录了约300种新型动物物种，包括细菌、长足蛤类、蚌类和小型虾类、节肢动物以及可在一些热液出口处成长为3米长的红端管状虫类。

“阿尔文”潜艇真正的“成名之举”是在1966年，那年，一架B-52轰炸机与加油机刮碰，造成坠机，B-52携带氢弹落入海底。“阿尔文”号奉命前去打捞，结果成功地将这件机密而又超级危险的物品打捞出水。1986年7月，“阿尔文”12次下潜至“泰坦尼克”沉没处，对一水下机器人进行试验并对“泰坦尼克”残骸进行了拍照。

“阿尔文”潜艇至今仍在服役，每年要进行150~200次下潜。一般下潜深度为2000米左右，根据能量使用情况，在水下一般可待大约六小时。一般情况下，下潜至通常深度需要大约两个小时，回到水面时间通常也需要两个小时，在海底停留进行研究的时间只有两个小时。正因为如此，“阿尔文”号被称为“历史上最成功的潜艇”。

“阿尔文”号开创了一个时代，各国纷纷开始研制实用型的深海探测器：法国1985年研制成的“鹦鹉螺”号潜水器最大下潜深度可达6000米，累计下潜超过1500次，完成过多金属结合区域、深海海底生态等调查，以及沉船、有害废料等搜索任务。俄罗斯是目前世界上拥有载人潜水器最多的国家，比较著名的是1987年建成的“和平1号”和“和平2号”两艘6000米级潜水器，带有12套检测深海环境参数和海底地貌的设备，而且能源比较充足，它可以在水下待17~20小时。《泰坦尼克号》电影里面很多镜头就是“和平1号”和“和平2号”探测的镜头。日本1989年建成了“深海6500”潜水器，水下作业时间8小时，曾下潜到6527米深的海底，创造了载人潜水器深潜的纪录，它已对6500米深的海洋斜坡和大断层进行了调查，并对地震、海啸等进行了研究，已经下潜超过1000次。

2002年，中国科技部将深海载人潜水器研制列为国家高技术研究发展计划（863计划）重大专项，启动“蛟龙”号载人深潜器的自行设计、自主集成研制工作。经过六年的努力，“蛟龙”号初具雏形，也具备了开展海上试验的技术条件。2009—2012年，“蛟龙”号接连取得1000米级、3000米级、5000米级和7000米级海试成功。2012年7月，“蛟龙”号在马里亚纳海沟试验海区创造了下潜

7062米的中国载人深潜纪录，同时也创造了世界同类作业型潜水器的最大下潜深度纪录。这意味着中国具备了载人到达全球99.8%以上海洋深处进行作业的能力。

“蛟龙”号到马里亚纳海沟7000米深处

有些说法认为，“蛟龙”的下潜深度尚不及上个世纪的“的里雅斯特”等深潜器，这种说法混淆了探险型深潜器和作业型深潜器的特点。无论是“的里雅斯特”还是“深海挑战者”，均属于探险型深潜器，其特点是一次性使用，空间狭小且不具备深海作业能力，更不要说进行深海科研。这种探险型深潜器的唯一作用，就只是达到一个数字上的“纪录”，除此之外别无意义。与某些探险型潜水器不同，中国“蛟龙”号深海探测器不是单纯追求深度数字，其主要任务是深海科研和作业。

比起其他国家的深海载人潜水器，“蛟龙”号有着三大突破：首先，“蛟龙”号具备自动航行功能，驾驶员设定好方向后，可以放心进行观察和科研；“蛟龙”号可以自动航行，而不用担心跑偏；自动定高功能可以让潜水器与海底保持一定高度，尽管海底山形起伏，自动定高功能可以让“蛟龙”号轻而易举地在复杂环境中航行，避免出现碰撞。其次，“蛟龙”号可以悬停定位—— 一旦在海底发现目标，“蛟龙”号不需要像大部分国外深潜器那样坐底作业，而是由驾驶员行驶到相应位置，“定住”位置，与目标保持固定的距离，方便机械手进行操作。在已公开的消息中，尚未有国外深潜器具备类似功能。最后，用世界先进水平的高速水声通信技术与母船保持联系（陆地通信主要靠电磁波，速度可以达到光速，但这一利器到了水中却没了用武之地，电磁波在海水中只能深入几米）。“蛟龙”号潜入深海数千米，为保持与母船的联系，科学家们研发了具有世界先进水平的高速水声通信技术，采用声呐通信。

说了这么多，你或许有个疑惑，我们的“蛟龙”号这么厉害，能干些什么呢？其实，我们的“蛟龙”号可能干了，别的深海探测器能干的事，它基本都能干；而它能干的，别的探测器不一定干得了。

（1）采样功能。目前，“蛟龙”号深潜器本体配备有沉积物取样器、海水取样器、生物取样器、热液取样器，矿石的采样可以用机械手臂直接抓取。“蛟龙”号上配备的取样器都是具有典型功能的设备，将来也可能配备其他类型的取样器，以获取不同种类的海底样本。“蛟龙”号为取样器的配备提供重量额度、信号源、动力源、液压源，由科研人员根据自身需求决定下潜时配备什么取样器。

（2）拍照摄像功能。要实现拍照摄像功能，首先要将灯光布置好。在“蛟龙”号头部位置，安装有16个灯，分为3种类型：一种是LED灯，一种是卤素汞碘灯，第三种是高强度护光灯。这16个灯可以将整个照射面进行合理布置。在“蛟龙”号上，安装有2台高清摄像机、2台ECCD摄像机、1台高清照相机。通过配备灯光与摄像设备，构成了一个完整系统，在“蛟龙”号航行、海底作业以及潜航员直接观测方面发挥重要的作用。

（3）海底通信功能。“蛟龙”号上的通信系统包括两种类型：一是水声通信，这是一种数字量通信，可以传输语音、文字和图像，技术难度相对较大，达到了国际先进水平；二是水声电话，这是一种模拟量通信。目前，“蛟龙”号上有两套该类型通信设备，一套使用，一套备用。通信功能使得潜航员可以与母船随时通信，及时将各种信息传递到母船。

（4）海底监测功能。海底监测功能的实现，要根据需要选择下潜时配备的传感器类型。如果要测试海底温度的变化，那么就要带温度传感器下潜。如果要对海底电缆管道进行监测，由于海底电缆通常埋在海底泥土中，电缆走向以及状况都无法通过直接观察得出，因而需要装载磁力仪进行监测。

（5）海底测量功能。“蛟龙”号携带着测深侧扫声呐装备，可以用来测试地形、地貌，具有很高的精度，达到国际先进水平。在测试的时候，需要有一个笔直、稳定的坐标，这样才能画出完整的地形和地貌图。深潜器必须保持一定航向和深度不变，目前“蛟龙”号已具备这个能力。

2014年12月18日，“蛟龙”号首次赴印度洋下潜。2015年1月5日，“蛟龙”号在西南印度洋“龙旂”热液区完成两次下潜科考任务，这是“蛟龙”号首次在西南印度洋中国多金属硫化物勘探合同区执行热液区下潜科考任务。这两次下潜的最大深度为2835米，取得了海底热液区构造带岩石、高温热液流体，还取得了带有贻贝、茗荷等生物的完整低温“烟囱体”等丰富样品，对研究海底热液区的形成与演化具有重要的科学价值。此外，在这两次下潜中，我国第二批潜航学员齐海滨、陈云赛分别以副驾驶的身份参加“蛟龙”号的下潜，标志着我国潜水器驾驶与作业队伍的培养进入新阶段。

当然，由于中国的深潜研究相比国外要晚50年，“蛟龙”号已经取得比较好的成绩，但也只是与三四十年前的别国技术相比，而且优势也不算明显。“蛟龙”号只是深潜实验，而且是初试水，技术还没完全成熟，接下来水下时长以及稳定性的考验还等待着我们。所以，中国深潜研究仍然任重而道远。

39 登陆火星实地考察

◇……………

在人类探索宇宙的征程中，最让人激动的莫过于1969年7月20日，美国宇航员阿姆斯特朗跟同伴搭乘“阿波罗11号”宇宙飞船登上月球，这便是美国历史上著名的“阿波罗计划”。据统计，为了这个登月计划，美国方面先后动员了30多万人，历时约11年，耗资255亿美元。

阿波罗计划是人类辉煌的胜利，却不是一笔经济的“买卖”——如果只是登陆月球，取回月球岩石样品，宇宙探测器就可以做到，而且所需要的费用要少很多。其实，在阿波罗辉煌的背后，正是宇宙探测器默默的付出。为了实施阿波罗计划，在1961—1969年的8年当中，美国先后发射了“徘徊者”系列探测器9个、“勘测者”系列探测器7个，还发射了5个月球轨道环行器。正是通过探测器提供的大量“情报”，科学家们才最终决定登陆月球，并规划了4个最合适的登陆点。

人类在登上月球后，40多年未能登陆其他星球，不过人类发射的探测器却几乎飞遍了太阳系的各个角落，有的甚至已经飞到了太阳系的边缘，正准备冲出太阳系，飞向深邃而神秘的宇宙空间。

人类为什么要发射宇宙探测器呢？这是因为人类对宇宙的了解可谓少之又少，而值得去探索的东西却又很多，比如大气物理、生命起源、天体演化、太空环境等。而且，这些研究与探索都与人类对自身生命的关注分不开——人类所做的一切不就是为人类自己造福吗？

现代科学研究表明，地球已有45亿年的年龄了，太阳也处于中年时期，而我们人类的出现不过数百万年的历史。然而这几百万年、几亿年，对于整个宇宙来说，是多么短暂啊。或许我们不用为自己的生存而担忧，但总会有我们的后代会随着太阳的灭亡而受到生命威胁。还有，我们的地球并不安全，虽然我们地球外层有一大气保护带，但毕竟还有没有完全“毙命”的天外来客——进入大气层而没有完全烧毁的陨石。可别看这小小的陨石，月球上的坑坑洼洼就是它们砸的，地球上也不是没有它们的“造访”印迹。这偶然一次的“造访”，有可能会造成如同上万颗广岛原子弹爆炸那样大威力的破坏，更别说比陨石更恐怖的彗星了。1994年夏，彗星与木星的相撞，迄今科学家们还心有余悸。彗星如果撞上的不是木星，而是地球，很可能会有一场像恐龙灭绝式的打击。

宇宙探测器在空间进行长期飞行时，地面不能进行实时遥控，所以探测器必须具备自主导航能力——空间探测器飞离地球几十万到几亿千米，入轨时速度大小和方向稍有误差，到达目标行星时就会出现很大偏差。例如，火星探测器入轨时，速度误差1米/秒，到达火星时距离偏差将达到10万千米。因此在漫长的飞行中必须进行精确的控制和导航，例如，美国“海盗”号探测器在空间飞行距离超过8亿千米，历时11个月，进行了2000余次自主轨道调整，最后在火星表面实现软着陆，落点精度达到50千米。

此外，很多探测器是向太阳系外飞行，会离太阳越来越远，能接受的日光强度越来越低，因而不能采用太阳能电池阵，必须采用核能源系统。

自1957年10月4日第一颗人造卫星发射上天，到2000年，全世界已发射了100多个空间探测器。人类探测器的足迹已经遍布太阳系的各大行星，它们对宇宙空间的探测取得了丰硕成果，所获得的知识超过了人类数千年所获知识总和的千百万倍。

先说水星。1974年3月29日，美国发射的“水手10号”深空探测器飞经距水星表面几百千米处。从获得的10 000多张照片得知，水星上有许多环形尖山，并有极稀薄的大气，最高气温可达400℃。“水手10号”三次飞过水星，一次飞过金星，在宇宙空间进行了九次变轨飞行。

再说金星。对金星的探测从1962年就开始了。根据统计，已经有近20个探测器飞临其上空或着陆。1973年，美国的“水星10号”到达距金星6000多千米的位置，发回的大量资料表明，金星只有少量的水蒸气和氮气，大部分是二氧化碳，温度高达500℃。1978年，美国的“先驱者”金星1号和2号在金星上着陆成功。它们发现，金星上有许多火山，并存在一个深6千米，宽200多千米，长超过1000千米的裂口。

接下来说火星。火星是人们一直认为最有希望存在生命的行星。根据1897年威尔斯的小说《宇宙战争》改编的火星人广播剧，曾把美国人吓了一跳。1964年2月，美国的“水手4号”深空探测器到达离火星最近点，约1万千米的地方，拍摄了大量的照片。

1976年，美国的两个“海盗”号探测器到达火星，采集了土壤，并拍了照片，这次探测表明，火星表面气温差值很大，大气层也很薄，90%以上是二氧化碳。苏联也于1988年发射了两个火星探测器，其中2号飞行器进入围绕火星的飞行轨道，对火星进行了观测，并发回了图片。综合资料表明，目前火星上有“尘暴”现象，即低层大气把无数细小的尘粒刮到空中，其速度可达50米/秒。

再就是木星。1972年美国发射过“先驱者10号”探测器，飞近木星，发回了一批照片。1972年3月、1974年4月，美国又有两个“先驱者”号探测器在距木星几万千米处飞过木星，结果发现木星有大气层。1977年9月5日，美国发射了“旅行者1号”深空探测器，观察到了木星的光环，并逐步接近了木星的5个卫星进行观测。

最后说土星和天王星。1972年发射的“先驱者10号”探测器在1973年12月接近木星后，飞向土星。1983年飞过海王星轨道，1986年越过冥王星的平均轨道。1979年9月2日，美国发射的“先驱者11号”到达距土星20 000千米的地方。这次探测表明，土星有磁场、卫星和光环。

在人类探测器远征行星的壮举中，不得不提到2007年8月4日发射的“凤凰”号火星探测器。这不仅因为“凤凰”号远征的目的地是一个危险之地，也因为它还肩负着一个特殊使命。

火星是一个危险的目的地。40多年来，世界各国先后向火星发射了30多个各类探测器，但其中一大半都以失败告终。1960—1964年，苏联发射了系列火星探测器，全部失败。后来，苏联再次发射“火星”系列和“宇宙”系列探测器，也几乎全部失败，而且没有一颗到达火星表面。直到1971年，“火星3号”才到达火星表面，但仅发送了20秒钟信号就与地球失去了联系。所以火星一直被称为“探测器的坟场”和“死亡星球”，因为火星上的一块石头或者一阵狂风都有可能破坏掉人类的探测计划。

关于火星上是否有生命的争论已经持续了许多年。科学家们预测，像地球一样，火星在诞生之初曾拥有大量水。为了彻底搞清这一重大问题，美国制定了以寻找水为核心的火星探测战略，“凤凰”号就将是第一个在火星北极地区着陆的探测器，其特殊使命就是寻找水源。

“凤凰”号由美国宇航局下属的喷气推进实验室负责管理，造价4.2亿美元。“凤凰”号探测器的名称有着特殊含义。1998年和1999年，美国宇航局接连发射火星探测器失败，“凤凰”号探测器的设计人员吸取了前两个探测器失败的教训，对部分原来使用的仪器进行了改良，并增加了部分仪器。取名为“凤凰”，是希望它能够像自己的名字那样，如凤凰涅槃般浴火重生。

“凤凰”号预定降落在火星北极瓦斯蒂塔斯—伯勒里斯平原，比先前的太空船着陆火星的位置更加靠北一些，相当于地球上的加拿大北部。“凤凰”号探测器是一个固定着陆器，它将在为期3个月的任务时间内，利用先进的挖掘臂深挖火星着陆地点附近的含冰土壤，在其微型火炉中加热土壤样本，研究其化学构成。“凤凰”号的主要任务是研究火星上水的演变历史，确定北极地区的土壤中是否存在支持生命活动的条件，研究火星极地的气候等。

一般认为，液态水、有机物质和稳定热源是生命存在的三要素。为了避免“凤凰”号无意之中将地球有机物带到火星，技术人员在准备探测器发射时就已采取了严格措施。“凤凰”号经过了干热处理和精密清洗，其表面微生物数量已降至最低。另外，作为防污染的举措之一，它的机械臂还被封存于特殊材料之中。

“凤凰”号探测器是一个由三条腿支撑的平台，平台直径1.5米，高约2.2米；其中心是一个多面体仪器舱，舱左右两侧各展开一面正八边形太阳能电池阵，跨度5.52米。与火星极地着陆器相比，“凤凰”号探测器的最大变化是提高了太阳能电池的性能。

2007年8月4日5时26分，“凤凰”号于佛罗里达州卡纳维拉尔角空军基地发射升空。

2008年5月25日16时53分，位于加利福尼亚州的帕萨迪纳喷气推进实验室，收到了从2.76亿千米以外传来的“凤凰”号着陆后的尖叫声，这标志着“凤凰”号在历经315天，穿越宇宙6.79亿千米后，成功降落在了火星北极区域。

“凤凰”号在火星着陆

在“凤凰”号登陆火星的第六个火星日，也就是地球时间5月31日，“凤凰”号伸出自己的机械臂首次触摸了火星，它的机械臂末端的挖掘铲，在火星泥土上留下一个类似人类脚印的痕迹。在这次试挖中，“凤凰”号用其2.4米长的机械臂挖出了一些亮晶晶的东西，据估计，它们可能是冰或盐。

6月5日，美国宇航局展示了“凤凰”号火星着陆探测器利用光学显微镜拍摄的火星表面沙尘颗粒的精细照片，这是人类有史以来获得的火星沙尘最高清晰度照片。

6月6日，在经过两次试挖后，“凤凰”号用机械挖掘臂挖起一铲火星土壤，并将土送入所携带的分析仪器中。“凤凰”号火星探测计划项目首席科学家彼得·史密斯介绍说，通常矿物质如黏土或碳酸盐中会束缚一定的水分，不同种类的矿物质中的水分需要施加不同的热量才能挥发出来，“凤凰”号携带的“热量和释出气体分析仪”据此可判断火星土壤样本中的矿物质种类，并判断火星上有没有水。

值得一提的是，“凤凰”号的设计寿命是3个月，但最终在火星上工作了5个月，而且源源不断地向地球发回研究数据。但是随着阳光不断减少，它的能量越来越少。随着火星北极逐渐从夏季过渡到秋季，由于白天越来越短，阳光照射在火星车的太阳能电池板上的时间自然也越来越少，因此它的能量在不断减少。所以，11月2日，“凤凰”号在最后一次发回消息后被彻底“冻死”在了火星上。

虽然“凤凰”号被“冻死”了，但人类对太空探索的脚步不会停止，人类会派出更多更先进的探测器前往火星，直至实现载人登陆火星。

而且，火星绝不是人类探索的终点，人类探索的目标也绝不仅仅局限于太阳系。在2012年9月的时候，人类发射的探测器“旅行者1号”已经到达了太阳系最外层边界，距离太阳182亿千米（相当于地球到太阳距离的121倍）。现在，“旅行者”探测器已经离开了太阳系，朝着深邃浩瀚的宇宙空间飞去。

“旅行者1号”

“旅行者1号”上携带了一张铜质磁盘唱片，内容包括用55种人类语言录制的问候语和各类音乐，旨在向外星生命表达人类的问候。

“旅行者1号”的核电池能工作到2025年左右，当电池耗尽之后，他们会停止工作，不过在惯性的作用下，依然会朝着银河系的中心前进。

在“旅行者1号”“寿终正寝”之前，我们能收到它从遥远的太空发回来的信息吗？它能找到外星人吗？

让我们共同期待吧。